S. Nolting   H. C. Korting (Hrsg.)

Onychomykosen

Topische Antimykotika-Therapie

Mit 29 Abbildungen und 21 Tabellen

Springer-Verlag
Berlin Heidelberg New York
London Paris Tokyo Hong Kong

Professor Dr. S. Nolting
Universität Münster
Klinik und Poliklinik für Hautkrankheiten
von-Esmarch-Straße 56
4400 Münster

Privat-Dozent Dr. H. C. Korting
Dermatologische Klinik und Poliklinik
der Ludwig-Maximilians-Universität München
Frauenlobstraße 9–11
8000 München 2

ISBN-13:978-3-540-51431-2   e-ISBN-13:978-3-642-74938-4
DOI: 10.1007/978-3-642-74938-4

Gesamtherstellung: Konrad Triltsch, Graph. Betrieb, 8700 Würzburg
2127/3140/543210 – gedruckt auf säurefreiem Papier

Vorwort

S. Nolting

Das Nagelorgan des Menschen wird aus unterschiedlich verhornenden Epithelstrukturen gebildet. Der als Nagel bezeichnete Teil, die eigentliche Nagelplatte, stellt das Endprodukt von verhornten Zellen dar, die durch die Matrix produziert werden. Die Matrixzellen verlieren ihre Kerne, flachen ab, verhornen und werden der schon gebildeten festen Nagelplatte zugefügt. In der Regel ist sie durchsichtig bis durchscheinend, von flacher Hornstruktur, die sich mit der Hornschicht des Nagelbettes bewegt und am Ende als freier Rand über die distalen Fingerspitzen hinaus wächst. Der transparente Nagel läßt das rosa gefärbte Nagelbett erkennen. Gewöhnlich ist eine weiße halbmondförmige Lunula zu sehen, die sich unter den proximalen Nagelfalz erstreckt. Die Nagelplatte bildet ein Widerlager bei Druck.

Die Wachstumsgeschwindigkeit des Nagels ist im zweiten und dritten Lebensjahrzehnt am höchsten und fällt später geringfügig ab. Verstärktes Nagelwachstum kann man während des Sommers und vermindertes Wachstum in der kalten Jahreszeit feststellen, da eine deutliche Abhängigkeit von der peripheren Durchblutung besteht.

Der Nagel ist sicher nicht Hauptanziehungspunkt für die Blicke anderer Menschen bei flüchtigem Hinsehen, jedoch beim zweiten Blick fallen Fingernagelveränderungen deutlich auf. Und auch das moderne Freizeitverhalten läßt Veränderungen an den Fußnägeln sehr bald, besonders bei Frauen, deutlich werden.

In der dermatologischen Kosmetik vor 40 Jahren kann man lesen, daß ungepflegte Nägel oft mehr als die Kleidung eines Menschen aussagen. Unterhalb des freien Nagelrandes bietet Schmutz einen ausgezeichneten Nährboden für Bakterien. Von Infektionen durch Pilze an den Nägeln ist damals keine Rede.

Heute spielen Pilze jedoch die größte Rolle für das Krankheitsbild der Nagelveränderungen. Neben Infektionen durch Dermatophyten finden wir auch die Entstehung durch Hefepilze und Schimmelpilze. Die Onychomykose wird als chronische schmerzlose, die Nagelstruktur verändernde Affektion bezeichnet, die durch Invasion des Nagels mit Pilzen zustande kommt. Die Verbreitung ist weltweit, und den Nagelveränderungen durch Pilze kommt offenbar auch größere Bedeutung zu als bisher angenommen. Man muß sich fragen, ob die Behandlung einer Onychomykose überhaupt notwendig, sinnvoll und erfolgversprechend ist, da nicht die Beschwerden, sondern die Ästhetik bei den Onychomykosen im Vordergrund der Betrachtungen steht. Übereinstimmung besteht darin, daß die Therapie problematisch ist und bisher keine überzeugenden Therapiekonzepte angeboten werden können.

Ich bin der Meinung, daß Onychomykosen nicht länger als harmlose, lediglich kosmetisch störende Veränderungen der Nägel betrachtet werden dürfen. Wenn auch die subjektiven Beschwerden, die von solch einer Erkrankung ausgehen, in der Regel nicht sehr ausgeprägt sein mögen oder als solche empfunden werden, so stellen doch Onychomykosen eine Infektionsquelle auch für Mykosen der Haut und anderer Organe dar.

Die therapeutischen Möglichkeiten waren zwar zahlreich, aber bis heute wenig erfolgreich, und das führte zu einer weitgehenden Resignation in den therapeutischen Bemühungen. Die Behandlung mit systemisch wirksamen Antimykotika war langdauernd und bisher zum Teil mit Nebenwirkungen behaftet, so daß häufig darauf verzichtet wurde. Die lokalen Behandlungsmaßnahmen waren oft sehr lästig und führten ebenso wenig zum erwünschten Ziel einer dauerhaften Beseitigung der Mykose. Ob sich an diesen Vorstellungen etwas geändert hat, ob ein Wandel, eine Bereicherung in der topischen Behandlung von Onychomykosen aufgezeigt werden kann, wird sich hoffentlich im Verlaufe dieser Veranstaltung herausstellen.

Inhaltsverzeichnis

Mitarbeiterverzeichnis

Effendy, I.
  Medizinisches Zentrum für Hautkrankheiten, Philipps-Universität Marburg,
  Deutschhausstraße 9, 3550 Marburg

Ernst, Th.-M.
  Oranienburger Straße 60, 1000 Berlin 26

Haneke, E.
  Ferdinand-Sauerbruch-Klinikum Elberfeld, Hautklinik,
  Arrenberger Straße 20, 5600 Wuppertal 1

Hopfenmüller, W.
  Institut für Medizinische Statistik und Dokumentation der FU Berlin,
  Hindenburgdamm 30, 1000 Berlin 45

Kolczak, H.
  Medizinisches Zentrum für Hautkrankheiten, Philipps-Universität Marburg,
  Deutschhausstraße 9, 3550 Marburg

Korting, H. C.
  Dermatologische Klinik und Poliklinik der Ludwig-Maximilians-Universität
  München, Frauenlobstraße 9–11, 8000 München 2

Meinhof, W.
  Dermatologische Abteilung, Medizinische Fakultät der RWTH,
  Pauwelsstraße, 5100 Aachen

Meisel, C.
  Aufseßplatz 21, 8500 Nürnberg

Nolting, S.
  Universität Münster, Klinik und Poliklinik für Hautkrankheiten,
  Allgemeine Dermatologie und Venerologie, von-Esmarch-Straße 56,
  4400 Münster

Reinel, D.
Dermatologische Abteilung, Bundeswehrzentralkrankenhaus,
Lesser Straße 180, 2000 Hamburg 70

Stettendorf, S.
Bayer AG, Pharma-Forschungszentrum, Aprather Weg, 5600 Wuppertal 1

Stüttgen, G.
Freie Universität Berlin, Universitätsklinikum Rudolf Virchow,
Standort Charlottenburg, Augustenburger Platz 1, 1000 Berlin 65

Worret, W.-I.
Dermatologische Klinik und Poliklinik der Technischen Universität München,
Biedersteiner Straße 29, 8000 München 40

Epidemiologie und Pathologie der Onychomykosen

E. Haneke

Einleitung

Onychomykosen kommen überall auf der Welt, allerdings mit regional unterschiedlicher Häufigkeit vor. Exakte Häufigkeitsangaben gibt es nicht [25]. Die Onychomykosen haben in den vergangenen 80 Jahren enorm zugenommen, sowohl absolut als auch relativ (Tabelle 1). Soziokulturelle, zivilisatorische und berufliche Faktoren spielen eine bedeutende Rolle. Bei Bewohnern ländlicher Gebiete in Zaire wurde eine Onychomykose in 0,89%, in der Stadt bei 4% der Männer und 2,8% der Frauen festgestellt [22], andere Autoren fanden eine Häufigkeit von 2%−13% [23, 20], bei Bergarbeitern wurde eine Nagelpilzerkrankung bei 6,5% bzw. 27% festgestellt [21, 9]. Ungefähr 1,5% aller Patienten, die dermatologische Zentren aufsuchen, haben eine Onychomykose [4].

Tabelle 1. Anteil der Onychomykosen an Dermatomykosen

Paris 1910	0,2%
München 1913−1922	0,13%
Berlin 1919−1934	2%
München 1938	2,6%
Hamburg 1938	2,8%
Hamburg 1949	10%
München 1951	8,4%
Berlin 1955−1956	17,1%
München 1958	11,1%
Brüssel 1980	30%

Prädisponierende Faktoren

Onychomykosen nehmen mit dem Alter an Häufigkeit zu. Zehennägel, insbesondere die der Großzehen und der 5. Zehe, sind besonders häufig betroffen. 18%−40% aller Nagelerkrankungen sind Onychomykosen [18, 3], und 30% aller Dermatomykosen sind Nagelinfektionen [16, 2].

Schon vor langem wurde beobachtet, daß Pilze ein gesundes Nagelorgan offensichtlich nicht oder nur sehr selten infizieren können [17]. Dafür spricht auch die Beobachtung, daß experimentelle Onychomykosen − wenn sie überhaupt zu

S. Nolting, H. C. Korting (Hrsg.)
Onychomykosen
© Springer-Verlag Berlin Heidelberg 1989

Tabelle 2. Prädisponierende Faktoren für Onychomykosen

Angiopathien
Periphere Neuropathien
Wiederholte Traumen
Diabetes mellitus, andere Endokrinopathien und Stoffwechselstörungen
(Immunologische Störungen)

erreichen sind – spätestens innerhalb von 6 Monaten spontan abheilen und andererseits geschädigte Nägel sehr häufig pilzinfiziert sind [22, 24, 8, 7] (Tabelle 2).

Häufigste prädisponierende Faktoren für Onychomykosen sind arterielle Durchblutungsstörungen, aber auch venöse und lymphatische Abflußstörungen, periphere Nervenerkrankungen, mechanisch-traumatische Schädigungen, endokrinologische Störungen, besonders Diabetes mellitus, jedoch auch andere Stoffwechselstörungen [17] (Tabelle 3). Immunologische Störungen spielen eher eine geringe Rolle, sind aber von überragender Bedeutung bei der primären Candida-Onychomykose der chronischen mukokutanen Candidose [6, 12].

Tabelle 3. Häufigkeit der Onychomykosen

18–40% aller Nagelerkrankungen
30% aller Dermatomykosen
43% von 72 abnormen Zehennägeln
37% von 168 veränderten Nägeln von Fußpflegepatienten
34% bei 183 subungualen Keratosen

Die Verteilung der pathogenen Pilze variiert sehr stark (Tabellen 4–7), in unserem Krankengut überwogen jedoch Dermatophyten (D), und hier, wie weltweit ebenfalls, Trichophyton rubrum. Das von einigen Autoren beobachtete Überwiegen von Candida-Arten (H) konnte von uns nicht bestätigt werden, obwohl 400 konsekutive stationäre Patienten mit Onychomykose-verdächtigen Nägeln untersucht wurden. Schimmelpilze (S) kommen seltener und vorwiegend an Zehennägeln vor.

Tabelle 4. Pilznachweis bei Onychomykosen (mod. nach [4])

	n	D %	H %	S %
Meinhof	1844	44,3	29,2	15,5
Walshe & English	373	56	33	11
Fragner	680	65,6	18,8	6,3
Stevanović & Kristić	141	29,8	48,9	16,3
Blaschke-Hellmessen	641	60,3	27,4	4
Krentel	625	60,9	39,1	–
Liautaud	600	–	–	6
Grigoriu & Grigoriu	–	27	71,5	1,5
Achten & Wanet-Rouard	1098	32	66	2
Haneke & Lacour (unveröff.)	142	42,2	38	17,6

Tabelle 5. Häufigkeit der Onychomykosen in 3 Jahren (G Badillet, Hôpital Saint Louis, Paris [mod. nach 6, 5])

	Finger		Zehen	
	n	%	n	%
Candida spp	498	79,6	126	12,8
Dermatophyten	121	19,3	684	69,4
Verschiedene	7	1,1	175	17,8
Gesamt	626		985	

Tabelle 6. Häufigkeit der Dermatophyten bei Onychomykosen in 10 Jahren (G Badillet, Paris [mod. nach 6, 5])

	Finger	Zehen	Gesamt
T. rubrum	237	1095	1312
T. mentagrophytes	7	299	306
E. floccosum	1	10	11
T. tonsurans		2	2
T. violaceum	3		3
T. soudanense	1		1
T. schoenleinii	2		2
Gesamt	251	1386	1637

Tabelle 7. Häufigkeit von Candida-Onychomykosen in 3 Jahren (G Badillet, Paris [mod. nach 6, 5])

	Finger		Zehen	
	n	%	n	%
C. albicans	382	76,7	26	20
C. tropicalis	89	17,9	80	63,5
Andere Candida spp	27	5,4	20	15,9
Gesamt	409		126	

Infektionsmodus

Der Infektionsmodus ist noch umstritten. Eine Dermatophyten-Infektion durch Barfußlaufen am Strand, in öffentlichen Bädern, Saunen, Sporthallen, Schlafräumen oder Hotelzimmern [4] dürfte meines Erachtens für eine direkte Nagelinfektion weniger in Betracht kommen, insbesondere wenn man bedenkt, daß ein gesunder Nagel kaum zu infizieren ist. Allerdings kann es bei zahlreichen Sportarten zu einer Schädigung des Nagelorgans kommen, z.B. bei Fußball, Tennis etc., und eine Onychomykose wird dann fälschlicherweise auf die Benutzung von Duschen in den Sportanlagen zurückgeführt. Auch die enorme Häufigkeit von Onychomykosen bei Bergarbeitern [21, 9] dürfte eher auf Feuchtigkeit und Wärme als auf einer direkten Ansteckung in den Duschräumen beruhen. Vielmehr scheint die kontinuierliche Ausbreitung einer Tinea pedum oder Tinea manuum über das Hyponychium zum Nagelbett eines vorgeschädigten Nagelorgans von überragender Bedeutung zu sein [25, 13]. Ein vergleichbarer Infektionsweg wird auch für die proximale subunguale Onychomykose angenommen. Hefepilze, insbesondere Candida albicans, sind häufiger bei Frauen als bei Männern, und die Finger sind in über 70% betroffen [4, 3].

Vorschädigung der Kutikula durch falsche Maniküre, Arbeit im feuchten Milieu und mit Kohlenhydraten, Okklusion und Mazeration in Gummihandschuhen, Diabetes mellitus und andere Endokrinopathien [14] begünstigen eine Hefepilzinfektion des Parungualgewebes mit sekundärer Invasion der Nagelplatte. Nur bei der chronischen mukokutanen Candidose kommt es aufgrund des Immundefektes zu einer primären Candida-Infektion des Nagels [12]. Schimmelpilze stellen meist nur eine Superinfektion dar. Sie können mit Dermatophyten zusammen auftreten oder stark geschädigte Nägel befallen [17].

Distolaterale subunguale Onychomykose

Die bei weitem häufigste Form der Onychomykosen ist die distolaterale subunguale Onychomykose. Von einer Infektion der umgebenden Haut ausgehend dringt der Pilz über das Hyponychium von distal langsam nach proximal in das Nagelbett und zur Matrix vor [25, 24, 13]. Die Nagelplatte bleibt im allgemeinen zunächst völlig intakt, wird jedoch allmählich durch die sich entwickelnde subunguale Hyperkeratose vom Nagelbett abgehoben und scheint gelblich verfärbt. Zusätzliche bakterielle Superinfektionen können zu grünlicher bis schmutzig brauner Farbe führen. Warum eine Onychomykose oft über Jahre auf einem bestimmten Stand bleibt und sich nicht weiter nach proximal ausbreitet, ist nicht bekannt.

Histologisch findet man zu Beginn eine Keratose, die sich vom Hyponychium unter dem Nagel zum Nagelbett unter Ausbildung eines Stratum granulosum ausdehnt. Diese subunguale Keratose, in der die Pilze fast ausschließlich lokalisiert sind, ist meist noch orthokeratotisch. Mit zunehmendem Vordringen der Pilze nach proximal nimmt die subunguale Keratose an Dicke zu. Subepithelial entwikkelt sich ein entzündliches Infiltrat aus Lymphozyten und Histiozyten, das gelegentlich in das Nagelbettepithel eindringt. Das mit der Spongiose in das Epithel eingedrungene Serum (Gewebsflüssigkeit) wird mit der Verhornung in die subunguale Keratose eingeschlossen und ist als eosinophiler, PAS-positiver Einschluß sichtbar. Große kugelige Serumeinschlüsse sind sehr einfach zu erkennen, zwischen einzelnen Hornzellen liegende kleinste, zu schmalen Bändern zusammengesinterte Serumreste sind unter Umständen aber nur sehr schwer von Pilzfäden oder Sporen zu unterscheiden. Bei stärkerer Entzündung dringen auch neutrophile Granulozyten durch das Nagelbettepithel zur subungualen Keratose vor, werden von Horn eingeschlossen und sind morphologisch identisch mit Munroschen Mikroabszessen. Bei geringer Kohäsion der subungualen Keratose kommt es zur mykotischen Onycholyse [14]. Starke entzündliche Reaktionen führen zur Spongiose, intraepithelialen Bläschenbildung und Papillomatose des Nagelbettes mit schwerster Alteration der gesamten Nagelstruktur. Noch immer finden sich die Pilze hauptsächlich in der subungualen Keratose und allenfalls in den untersten Schichten der eigentlichen Nagelplatte. Bei Vordringen der Pilze zur Matrix wird allmählich die Nagelplattenbildung gestört. Im Matrixbereich wachsen die Pilze in der Nagelplatte einige Onychozytenlagen über dem lebenden Matrixepithel etwa parallel zur Nagelplattenschichtung und verbleiben in dieser Schicht, wo sie mit dem Wachstum der Nagelplatte distal scheinbar immer weiter zur Oberfläche hin gelangen. Dringen die Pilze bis zur proximalen Matrix vor, durchsetzen sie schließlich die gesamte Dicke der Nagelplatte. Lassen sich am freien Nagelrand histologisch Pilzfäden in allen Schichten der Nagelplatte nachweisen, so ist das als Hinweis auf ein Vordringen bis in den proximalen Matrixbereich zu werten. Nur sehr selten und stets nur bei Papillomatose von Matrix- und Nagelbettepithel sieht man senkrecht zur Nageloberfläche stehende Pilzfäden in den obersten Epithelschichten, während die Anordnung der Pilze in den dicken subungualen Hyperkeratosen als Zeichen eines unzureichenden Wachstums regellos angeordnet sind [13].

Leukonychia trichophytica

Die weiße superfizielle Onychomykose, auch als Leukonychia trichophytica bezeichnet, kommt nur an Zehennägeln vor. Sie wird in über 90% von *Trichophyton mentagrophytes* hervorgerufen. Offensichtlich ist eine Mazeration der Nageloberfläche Voraussetzung für diese Art der Infektion. Bei barfußlaufenden Personen wird sie nicht beobachtet.

Histologisch sieht man eine Aufsplitterung der Nagelplattenoberfläche und massenhaft Sporenketten zwischen den feinen Hornlamellen. Gelegentlich sind auch Bakterien vorhanden. Entzündungsreaktionen sind nicht zu beobachten, Matrix und Nagelbettepithel bleiben unverändert [13, 10]. Über ein gleichzeitiges Auftreten einer weißen superfiziellen Onychomykose mit einer distalen subungualen Onychomykose wird gelegentlich berichtet.

Proximale subunguale Onychomykose

Die **proximale subunguale Onychomykose** ist selten. Von einer Infektion der Haut des proximalen Nagelwalles ausgehend befallen die Pilze die Kutikula und dringen dann entlang dem Eponychium (Epithel der Unterseite des proximalen Nagelwalls) zur Matrix vor, wo sie in die Nagelplatte eindringen und mit dem Nagel nach distal vorwachsen. Analog der subungualen Hyperkeratose bei der distalen subungualen Onychomykose kann sich eine Hyperkeratose des Eponychiums ausbilden, in der Pilze in größeren Mengen nachweisbar sind. Führen sie zu einer Entzündung, wird der proximale Nagelwall verdickt, und sein distales Ende rundet sich ab, wodurch es zum Verlust der Kutikula kommt. Auch von der Hornschicht des Eponychiums dringen Pilzfäden kaum in die Oberfläche der Nagelplatte ein. Pilzinvasion wird erst direkt vor Beginn der Matrix beobachtet. Zeichen des proximalen Nagelbefalls ist meist eine unregelmäßige Nagelplatte, die die Transparenz verliert und oft verfärbt ist. Da die Pilze mit dem Nagelwachstum immer von der Matrix nach dorsal und distal wegtransportiert werden, ist die

Entzündungsreaktion im allgemeinen relativ gering, obwohl die ganze Nagel-platte durchsetzt sein kann, was zu charakteristischer flächenhafter Spaltung des Nagels führen kann. Erst wenn die Pilze, von proximal nach distal vordringend, das Nagelbettepithel erreicht haben, kommt es zu stärkeren entzündlichen Reak-tionen, gelegentlich mit weitgehender Zerstörung des Nagels [13, 10, 11, 15]. Pilz-fäden sind innerhalb der eigentlichen Nagelplatte stets parallel horizontal und überwiegend in Längsrichtung angeordnet, in der eponychialen und subungualen Hyperkeratose dagegen regellos. In guten Nagelbiopsien läßt sich daher der Pilz-befall der Matrix entsprechend der Nagelplattenschicht, in der sich die Hyphen befinden, zurückverfolgen [13, 10].

Dystrophische Onychomykose

Eine primäre totale dystrophische Onychomykose wird bei der chronischen mukokutanen Candidose beobachtet, die im allgemeinen Zeichen eines angebo-renen Immundefektes ist, der zu lebenslangem Befall von Schleimhaut, Haut und Nägeln führt. Die Nagelveränderungen sind bereits klinisch oft pathognomo-nisch. Die gesamte Anatomie des Nagelorgans ist gestört. Der proximale Nagel-wall kann fast verschwunden oder enorm verdickt sein. Matrix und Nagelbett sind papillomatös, entzündlich infiltriert mit Spongiose und mononukleärer Exozytose im Epithel. Eine geordnete Nagelplattenstruktur kann daher nicht mehr gebildet werden.

Histologisch lassen sich unregelmäßig angeordnete Pilzfäden und Sporen in unterschiedlicher Menge nachweisen. Elektronenmikroskopisch findet sich ein unregelmäßiges Stratum granulosum mit zum Teil immensen Keratohyalin-schollen und gelegentlich auch aus zwei unterschiedlichen elektronendichten Anteilen zusammengesetzte Keratohyalingranula (sog. Composite Keratohyalin) [12].

Paronychie

Mykotische Paronychien sind praktisch immer durch Candida-Arten, meist *Candida albicans,* gelegentlich auch *Candida parapsilosis, Candida tropicalis* u.a., bedingt. Es kommt zu einer chronischen, durch gelegentliche akute, dann meist schmerzhafte Exazerbationen unterbrochene Entzündung des proximalen und der lateralen Nagelwälle. Durch die Verdickung und Abrundung der Spitze des proximalen Nagelwalles kann keine Kutikula mehr gebildet werden. Nagelplatte und Eponychium verlieren ihre Haftung, so daß man schmerzlos mit einer Platin-öse unter den proximalen Nagelwall gelangen und Material für eine Pilzkultur ent-nehmen kann. Auf vorsichtigen Druck läßt sich häufig auch ein Tröpfchen Sekret gewinnen.

Histologisch findet sich eine massive chronische Entzündung des Nagelwalls mit Fibrose. Die Epidermis ist akanthotisch verbreitert, fokal spongiotisch aufgelok-kert, zum Teil parakeratotisch. Mit der PAS- oder Grocott-Färbung lassen sich oft Sporen und/oder kurze Pilzfäden sowie meist auch Bakterien nachweisen. Eine

Invasion der Nagelplatte findet, wenn überhaupt, erst sehr spät statt, jedoch ist als Zeichen der Matrixschädigung eine unregelmäßige Nagelplattenstruktur erkennbar [1].

Zusammenfassung

Histologische Untersuchungen bei Onychomykosen haben nicht nur zu neuen Erkenntnissen über den Invasionsmodus, das Ausmaß des Pilzbefalls und Folgeerscheinungen der Entzündung am Nagel geführt, sondern auch nachweisen können, daß Schimmelpilze in weitaus höherem Maße invasiv sind und daher als primär pathogen anzusehen sind, als es bisher angenommen wurde [4, 3, 2, 13]. Zudem liefern sie wichtige Hinweise, wie eine Therapie durchgeführt werden muß und wann eine Lokaltherapie sinnvoll oder vermutlich nicht erfolgreich sein kann. Bei wiederholt negativer Pilzkultur ist eine histologische Untersuchung zur Diagnosesicherung vor Beginn einer langwierigen Therapie, bei erfolgloser Behandlung trotz konsequenter Durchführung zur Überprüfung der Diagnose anzuraten [11, 15, 19].

Literatur

1. Achten G (1978) Histopathologie unguéale. In: Pierre M (ed) L'Ongle. Monographies GEM. Exp Scient, Paris, p 9
2. Achten G, Wanet J (1968) Pathologie der Nägel. In: Schnyder UW (Hrsg) Histopathologie der Haut, 7/I Dermatosen. Springer, Berlin Heidelberg New York, S 511
3. Achten G, Wanet-Rouard J (1978) Onychomycoses in the laboratory. Mykosen 23 [Suppl 1]:125
4. Achten G, Wanet-Rouard J (1981) Onychomycosis (Mycology Nr. 5). Cilag Ltd., Brüssel
5. Badillet G (1966) A propos de 1258 souches de dermatophytes isolées à Paris de 1956 à 1964. Presse méd 74:973
6. Baran R (1978) Onyxis et périonyxis d'origine mycosique, microbienne et parasitaire. In: Pierre M (ed) L'Ongle. Monographies GEM. Exp Scient, Paris, p 57
7. Baran R, Badillet G (1982) Primary onycholysis of the big toenail: a review of 112 cases. Br J Dermatol 106:529
8. English MP, Atkinson R (1973) An improved method for the isolation of fungi in onychomycosis. Br J Dermatol 88:273
9. Götz H, Hantschke D (1965) Einblicke in die Epidemiologie der Dermatomykosen im Kohlenbergbau. Hautarzt 16:543
10. Haneke E (1985) Nail biopsies in onychomycosis. Mykosen 28:473
11. Haneke E (1986) Differential diagnosis of mycotic nail diseases. In: Hay JR (ed) Advances in topical antifungal therapy. Springer, Berlin Heidelberg New York, p 94
12. Haneke E (1988) The nails in chronic mucocutaneous candidosis. Abstract, 15th Annual Meeting, Soc Cut Ultrastructure Research, Nice
13. Haneke E (1988) Bedeutung der Nagelhistologie für die Diagnostik und Therapie der Onychomykosen. Ärztl Kosmetol 18:248
14. Haneke E (1988) Nagelveränderungen bei Erkrankungen des Endokriniums. Therapiewoche 37:4379
15. Haneke E (1988) General aspects of onychomycoses. In: Torres-Rodriguez JM (ed) Proceedings Xth Congress of the International Society for Human and Animal Mycology. JR Prous, Barcelona, p 235

16. Langer H (1957) Epidemiologische und klinische Untersuchungen bei Onychomykosen. Arch Klin Exp Derm 204:624
17. Male O, Tappeiner J (1965) Nagelveränderungen durch Schimmelpilze. Dermatol Wochenschr 151:212
18. Pardo-Castello V, Pardo OA (1960) Diseases of the nails. CC Thomas, Springfield/Ill
19. Scher RK, Ackerman AB (1980) Subtle clues to diagnosis from biopsies of nails. The value of nail biopsies for demonstrating fungi not demonstrable by microbiologic techniques. Am J Dermatopathol 2:55
20. Seebacher C (1966) Untersuchungen über die Pilzflora kranker und gesunder Zehennägel. Mykosen 11:893
21. Tappeiner J, Male O (1966) Nagelveränderungen durch Schimmelpilze. Derm Int 5:145
22. Vanbreuseghem R (1977) Prévalence des onychomycoses au Zaire particulièrement chez les coupeurs de canne à sucre. Ann Soc Belg Med Trop 57:7
23. Walshe MM, English MP (1966) Fungi in nails. Br J Dermatol 78:198
24. Zaias N (1972) Onychomycosis. Arch Dermatol 105:263
25. Zaias N (1985) Onychomycosis. Dermatol Clin 3:445

Die Onychomykose-Therapie in der Praxis

C. W. Meisel

Einleitung

„Das Argument des Dermatologen für eine systemische Therapie der Onychomykosen besteht gewöhnlich in dem Hinweis auf die unzureichende Wirksamkeit der rein lokalen Behandlung. Aber diese Argumentation widerlegt nicht die grundsätzliche Berechtigung der Forderung nach einer wirksamen Lokalbehandlung. Vielmehr verschärft es bei dem, der so argumentiert, das Gefühl, den Behandlungserfordernissen nicht gewachsen zu sein. So hat es nicht an Versuchen gefehlt, eine wirksame Lokaltherapie der Nagelmykosen zu entwickeln. Diese Bemühungen sind in den letzten Jahren verstärkt worden, und zwar einerseits im Zusammenhang mit der Entwicklung neuer Lokalantimykotika und zum anderen durch vermehrte Zuwendung zur Galenik des Harnstoffs als Keratolyticum" [31].

Dieses Zitat von Meinhof und Meyer-Rohn von 1983 stelle ich bewußt an den Anfang, weil es die heutige Situation, sechs Jahre später, noch deutlicher charakterisiert als die damalige. Noch deutlicher deshalb, weil in der zum Zeitpunkt des Zitates noch ungetrübten Freude an der ausgezeichneten Wirksamkeit von Ketoconazol die Lokaltherapie überflüssig zu werden schien. Angesichts der Inzidenz von Leberreaktionen bei der Langzeittherapie mit Ketoconazol von über 3% im eigenen Kollektiv [33] ist diese Therapie jedoch nicht mehr als Standardtherapie vertretbar. Betrachtet man noch die mit etwa 800,– DM für eine durchschnittliche Therapiedauer für Arznei- und Laborkosten anfallenden, für eine ja überwiegend kosmetisch störende Erkrankung sehr hohen Kosten auf dem Hintergrund der zur Zeit bedrängenden Fragen der Kostenexplosion, so ist man doch geneigt, sich nach einer wirtschaftlicheren Therapie umzusehen.

Welche Therapiemöglichkeiten stehen dem Dermatologen zur Verfügung, welche werden in der Praxis vorzugsweise genutzt?

Die erste Frage möchte ich anhand der mir zur Verfügung stehenden Literatur, die zweite anhand einer Befragung von 80 Dermatologen beantworten.

Therapie der Onychomykosen in der Literatur

Sieht man sich in den dermatologischen Lehrbüchern um, so wird man enttäuscht durch die Monotonie der therapeutischen Ratschläge.

Stein empfiehlt 1934 die Entfernung der Nägel und gibt eine Erfolgsquote von 10% an, daneben verordnet er vor allem zur Nachbehandlung Röntgenbestrah-

S. Nolting, H. C. Korting (Hrsg.)
Onychomykosen
© Springer-Verlag Berlin Heidelberg 1989

lung, Guttaplast, und Jodtinktur, ohne auf Methodik oder Erfolge einzugehen [44].

In der Fundgrube therapeutischer Ratschläge von Keller von 1951 kommt eine gewisse Ratlosigkeit hinsichtlich der Onychomykosen zum Vorschein: Chirurgische Entfernung, danach Bäder mit Oxycyanat-Lösung, als nichtchirurgisches Vorgehen empfiehlt er, die Nägel dünn zu schleifen, und dann mit 10%iger Kalilauge aufzuweichen, was aber meist eine schwere Paronychie nach sich ziehe [21].

Kalkoff und Janke weisen 1958 auf die Erfolgslosigkeit jeder nichtchirurgischen Therapie hin, sie empfehlen neben der in 50% erfolgreichen Nagelextraktion Mykotektanlack als Prophylaxe [20].

Schabinski empfindet 1960 die Lokaltherapie als unbefriedigend, setzt Pyrogallol-Salbe und Schleifbehandlung an die erste Stelle, weist aber bereits auf die Überlegenheit der Griseofulvintherapie hin [41].

Korting stellt 1970 fest, daß Griseofulvin nicht immer effektiv ist, empfiehlt die Nagelextraktion und anschließend 2%ige Jodlösung mit wiederholter Schleifbehandlung des Nagelbettes, daneben 10%ige Silbernitrat-Lösung [25].

Koch beschäftigt sich mehr mit der Diagnostik der Nagelmykosen und beschränkt die Griseofulvin-Behandlung auf die Dermatophyteninfektion [24].

In „Dermatologie in Praxis und Klinik" bezeichnet Meinhof 1980 die Kombination von Extraktion, lokaler Nachbehandlung und Steigerung der Durchblutung als die Standard-Therapie, Keratolytica hätte sich seiner Meinung nach nicht bewährt, sie seien nicht zu empfehlen. Die Therapiemöglichkeiten mit Onychofissan, Metakresolsäure, Miconazol, 50%-Kalium-Jodid-Salbe und Fungiplex-Nagellack seien eher zur Prophylaxe geeignet [31].

Male besteht 1977 und 1981 auf der Nagelextraktion, am besten in Kombination mit Griseofulvin für 6–8 Wochen, die alleinige Lokaltherapie sei insuffizient. Atraumatische Nagelentfernung mit Glutaraldehyd und Kalium-Jodid sei ineffektiv, hautreizend und zeitraubend. Unerläßlich sei die Sanierung prädisponierender orthopädischer und internistischer Faktoren [27, 28].

Nolting und Fegeler beklagen 1984 die mangelhafte Wirkung von Griseofulvin, die alleinige Lokaltherapie sei nicht ausreichend. Von besonderer Wichtigkeit sei die Milieusanierung [37].

Haneke empfiehlt in dem Buch über externe Therapie von Hornstein und Nürnberg, 1985, Okklusiv-Therapie mit 50%-Jod-Lanolin oder 40%-Harnstoffsalbe, anschließend nach Nagelablösung externe Antimykotika. Er verweist auf die von Brem angegebene Methode, wöchentlich nach Desinfektion der Nägel im Abstand von 2–3 mm, 2 mm vom Nagelhäutchen entfernt, feine Löcher zu bohren, die mit Dichloressigsäure ausgetupft und täglich mit Schwefel-Salicyl-Säure abgedeckt werden [11].

Bei der Lektüre der dermatologischen Zeitschriften fällt auf, daß die Onychomykosen recht stiefmütterlich behandelt werden, in einer der wichtigsten konnte ich über 15 Jahre keinen ausführlichen Beitrag finden. Meinhof gibt in „Aktuelle Dermatologie" 1976 einen Überblick über die verfügbare Therapie [29], zusammen mit Meyer-Rohn stellt er sieben Jahre später in derselben Zeitschrift die Behandlung mit 20%iger Harnstoffsalbe vor, mit der bei 103 Patienten nach 16 Tagen in 63% die Nägel ganz, in 28% teilweise von krankhaftem Material befreit sind. Daneben beleuchtet er den Stellenwert von Ketoconazol, Griseofulvin, Kalium-Jodid, Miconazol und Ciclopiroxolamin [31].

Goodman vergleicht 1986 verschiedene Therapieschemata einschließlich Tioconazol und Glutaraldehyd [10], ähnliche Übersichten stammen von Hay und anderen Autoren [9, 14, 15, 28, 32, 38, 42].

Dorn et al. haben 1980 im „Hautarzt" eine sorgfältige Studie mit Kalium-Jodid-Paste vorgestellt, dabei wurden von 250 Patienten selbst 1500 Nägel entfernt, 101 Patienten waren nach durchschnittlich 6,5 Monaten abgeheilt, davon waren nach einem Jahr immerhin noch 50 gesund [4].

Ein Jahr zuvor hatte sich Kleine-Natrop Gedanken über die Galenik der Kalium-Jodid-Salbe gemacht [23].

Farber beschreibt 1978 in „Cutis" die erfolgreiche Entfernung von verschiedenen Nagelabnormitäten bei 35 Patienten mit einer Urea-Paste unter Occlusion [6].

Suringa demonstriert 1970 in den „Archives of Dermatology" die innerhalb von vier Monaten erfolgreiche Behandlung der superficiellen Onychomykose mit Glutaraldehyd an 21 Nägeln von 4 Patienten, bei einem Patienten kam es zur Reinfektion [46].

Ishii kombinierte 1983 2% Tolnaftat und 20% Urea, bei 17 von 20 Patienten weichte der Nagel auf und löste sich nach einer Woche ab, 14 Patienten konnten geheilt werden [19].

Mit Miconazol liegen recht unterschiedliche Ergebnisse vor: Botter konnte 1971 14 von 27 Patienten mit 2%iger Miconazol-Lösung nach 32 Wochen heilen, davon waren allerdings fünf mit Griseofulvin vorbehandelt, 20 wurden gleichzeitig mit Griseofulvin behandelt! Interessant ist, daß sich der befallene Nagelanteil innerhalb von 14 Tagen ablöste [2].

Heinke konnte ein Jahr später unter 2%iger Miconazol-Creme bei 31 Patienten die Nägel innerhalb von 8–20 Tagen reinigen, davon waren 8 am Ende der Therapie erscheinungsfrei [18].

Kull teilt 1973 die Ergebnisse einer Schweizer Multicenter-Studie mit, dabei wurden 12 von 47 Onychomykose-Patienten mit Miconazol-Lösung geheilt [26].

Vanderdonckt et al. konnten 1976 von 19 Patienten mit 2%iger Miconazol-Lösung ohne weitere Therapie bei zweimaliger Applikation pro Tag innerhalb von 32 Wochen 15 Patienten völlig sanieren, bei weiteren vier waren bei klinischer Erscheinungsfreiheit noch Pilze nachweisbar [47].

Achten et al. erreichten 1977 an 58 Onychomykose-Patienten bei 78% der Zehennägel und 90% der Fingernägel eine Normalisierung [1].

Rollman beseitigte mit einer Kombination von Miconazol und 40% Harnstoff unter Zuhilfenahme subtiler mikrochirurgischer Technik die Mykose nach 1 Monat in 50%, nach 8 Monaten in 60% der behandelten Fälle [40].

Mit Clotrimazol-Harnstoff machte Fekete 1986 ähnliche Erfahrungen, er konnte nach acht Monaten bei 5 von 19 Patienten einen Erfolg erzielen [7].

Schubert versuchte 1973 lokale und systemische Anwendung von Clotrimazol zu kombinieren, er konnte nach Nagelentfernung mit dieser Therapie nach 4 Monaten 50% heilen, betont aber die schlechte Verträglichkeit der systemischen Therapie [43].

Hay vergleicht 1987 die Ergebnisse einer Griseofulvin-Therapie kombiniert mit lokaler Tioconazol- und Placebo-Anwendung über ein Jahr, mit Tioconazol werden 69%, mit Placebo 41% saniert [16]. Mit der alleinigen Behandlung mit 28%iger Tioconazol-Lösung konnte er 1985 bei 6 von 27 Patienten Erscheinungsfreiheit erreichen [13].

Klaschka stellt 1985 die Lokalbehandlung der Onychomykosen mit Naftifin-Gel an 50 Patienten vor, nach 4 Monaten ist in 100% mykologische Sanierung, nach 6 Monaten in 21% klinische Heilung, in 26% Besserung erreicht [22].

Villars konnte 1988 in Barcelona erste Ergebnisse der Lokalbehandlung mit Terbinafin vorstellen, erstaunlich war dabei, daß nur Fingernägel gezeigt wurden, genauere Ergebnisse wurden noch versprochen [48].

Qadripur weist 1981 auf die Möglichkeit der Lokalbehandlung mit Ciclopiroxolamin hin [39].

Nolting [36] eröffnet 1984 den Reigen von Mitteilungen über Bifonazol-Harnstoff-Zubereitung, auf die an dieser Stelle nicht eingegangen werden soll [3, 8, 32, 35, 38, 45].

Therapie der Onychomykosen von 80 Dermatologen

In einer Befragung von 80 Dermatologen durch Dorn und Vierzigmann [5] war großes Interesse an einer Antimykotikum-Harnstoff-Kombination festzustellen.

Jeder der befragten Dermatologen behandelt nach eigener Einschätzung jährlich 40 Patienten mit Onychomykose. Nach Meinung von 31 Dermatologen ist

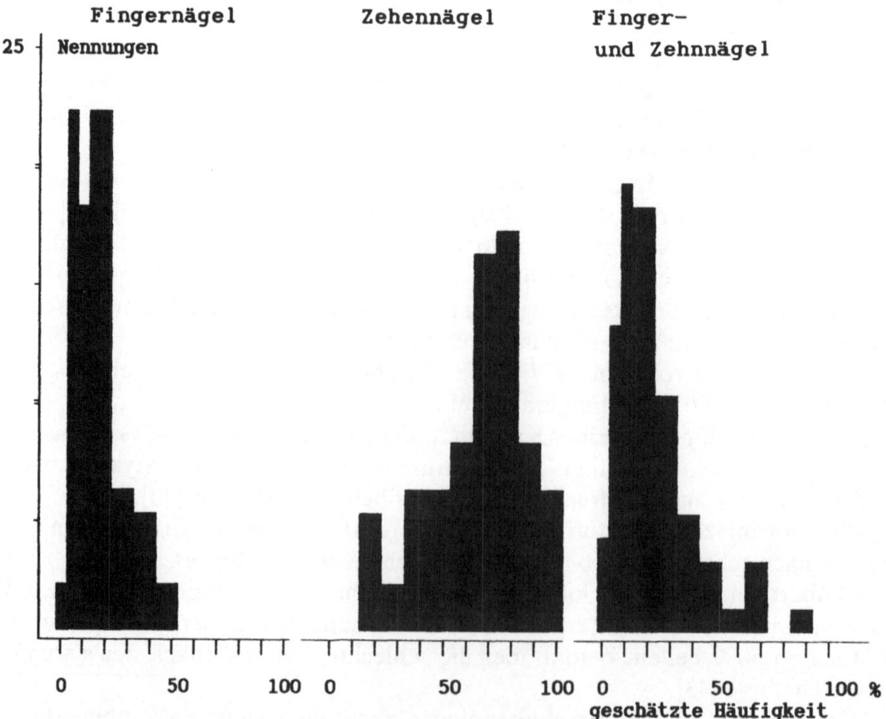

Abb. 1. Häufigkeit von Finger- und Zehennagel-Befall nach Schätzung von 80 Dermatologen

eine Häufigkeitszunahme festzustellen. Diese wird auf „Turnschuhe", Bade- und Waschgewohnheiten, gesteigertes Gesundheitsbewußtsein und daher Behandlungswunsch zurückgeführt.

Mittleres bis hohes Alter wird bevorzugt befallen, Frauen sind etwas häufiger vertreten. Oft wird eine Kombination mit Durchblutungsstörungen und Stoffwechselerkrankungen gesehen. Gleichzeitiges Vorliegen von anderen Mykosen wird von zwei Kollegen, der Befall der Zehennägel in 66%, der Fingernägel in 14% und der Finger- und Zehennägel in 22% beobachtet (Abb. 1).

Die Rezidivhäufigkeit ist das hervorstechende Merkmal der Onychomykosen.

Ein Drittel ist vorbehandelt, am häufigsten mit Canesten, dann in der Reihenfolge der Häufigkeit mit Mycospor, Tonoftal, Batrafen, Daktar, Epipevaryl, Exoderil, Ovis, Travogen, Baycuten, Fungiderm, Moronal, Multifungin, Phebrocon. Die systemische Vorbehandlung spielt (wegen des eingetretenen Erfolgs, der den Dermatologen überflüssig macht?) keine Rolle: Griseofulvin wird in 4%, Nizoral in 2% angegeben (Abb. 2).

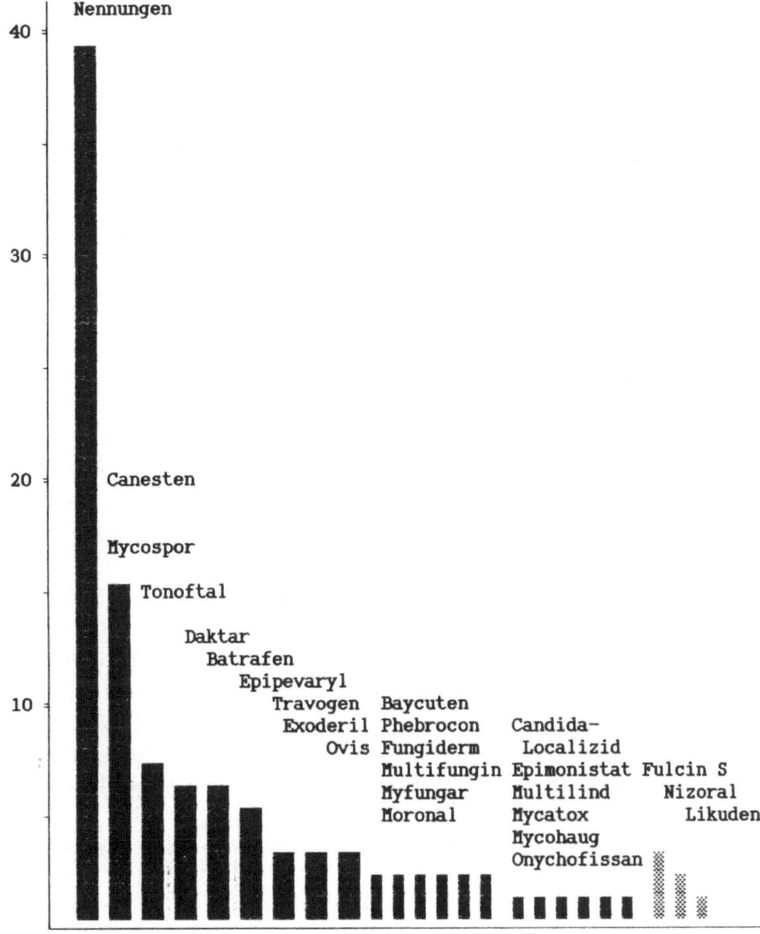

Abb. 2. Bei der Vorbehandlung verwendete Präparate

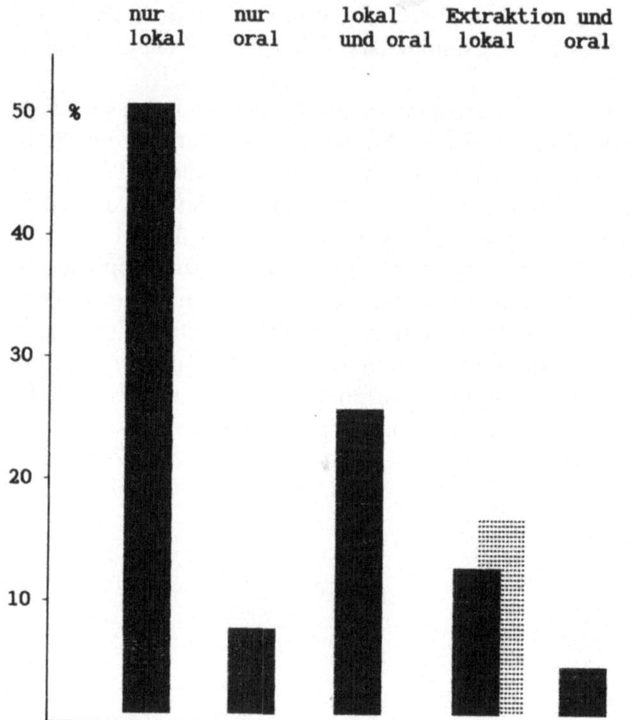

Abb. 3. Häufigkeit verschiedener Formen der Nageltherapie bei 80 Dermatologen

Die Diagnosestellung wird von 47 der 80 befragten Kollegen als leicht angesehen, eine Onychomykose ist in 90% Blickdiagnose, als schwierig wird sie von 12 empfunden. Die mykologische Sicherung wird von 62, die Kultur von 49, das Nativpräparat von 24 als unverzichtbar betrachtet.

Nur topische Behandlung wird in 50%, nur orale Therapie in 7%, orale und topische Behandlung in 27%, Nagelextraktion und topische Nachbehandlung in 12%, Nagelextraktion und orale Behandlung in 4% durchgeführt, die Nagelextraktion also in 16% (Abb. 3).

Bei der Lokaltherapie werden von den befragten Dermatologen, wieder in der Reihenfolge der Häufigkeit, verwendet: Exoderil von fast der Hälfte der befragten Hautärzte, Batrafen, Mycospor und Epipevaryl von einem Viertel, dann Myfungar, Daktar, Canesten, Oceral, Tonoftal, Travogen, Fungiderm, Myko-Haug, Multifungin, Baycuten, Fungifos, Fungiplex-Lack, Mycanden, Onychofissan, Wespuril, Biofanal, Epimonistat, Mycatox, Imidazole, Salicylvaseline, Onychomal und selbstgerührte Harnstoffsalben. Von fünf Kollegen wird die Lokalbehandlung als sinnlos betrachtet (Abb. 4).

Die Behandlungsdauer wird im Mittel mit 10,4 Monaten angegeben, 26mal mit 6, 12mal mit 12 Monaten (Abb. 5).

Die Erfolgsquote der verwendeten Therapie wurde im Mittel mit 57% angegeben (Abb. 6), als Erfolgskriterium wurde 42mal die klinische Heilung, 29mal die

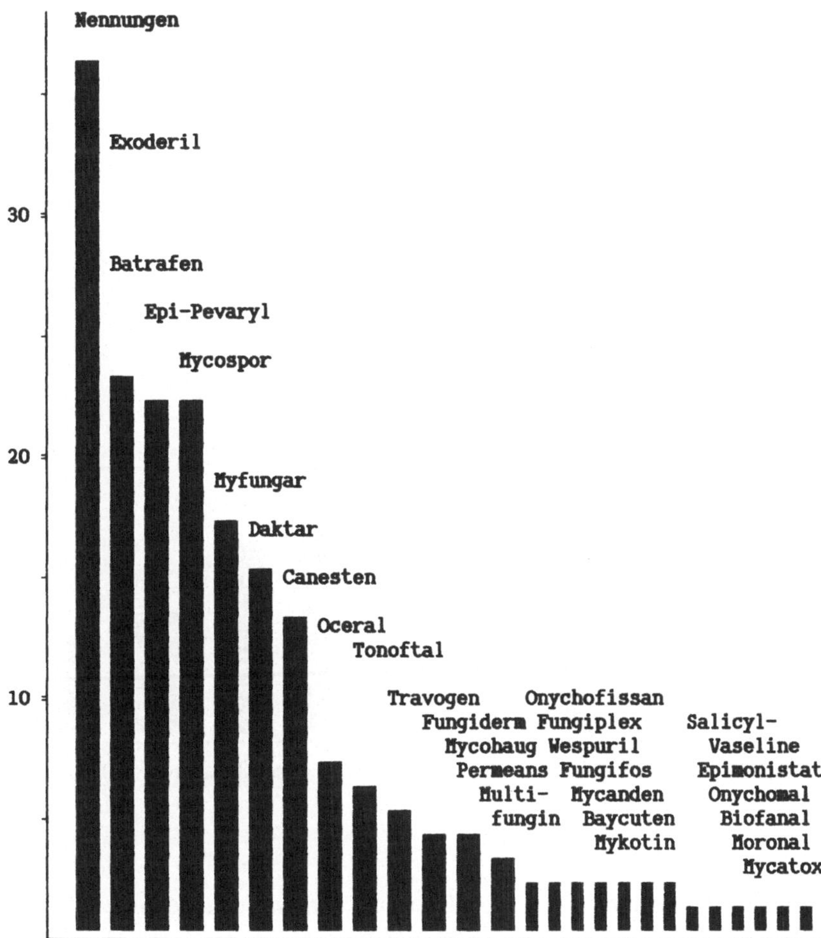

Abb. 4. Von den Dermatologen bei der Lokaltherapie der Onychomykosen bevorzugte Präparate

mykologische Sanierung, 23mal die Rezidivfreiheit über mindestens 6 Monate angesehen.

An Begleitmaßnahmen wird Schuh- und Strumpfdesinfektion von 40 Kollegen empfohlen, von 22 Trockenhalten der Füße, Pudern, daneben luftdurchlässiges Schuhwerk, durchblutungsfördernde Maßnahmen, Verbot des Besuchs von Infektionsstätten.

Die Kosten bezogen auf die Indikation waren 47 Kollegen zu hoch, die systemische Therapie war 17mal zu teuer, 11mal akzeptabel, 5mal gleichgültig. Sie wurden für eine Therapie auf 550 DM geschätzt, die Schätzungen reichten von 50 bis 3600 DM, am häufigsten wurde der Betrag von 300 DM genannt (Abb. 7).

Mit den verfügbaren Lokaltherapeutika waren 12 der Befragten sehr zufrieden, 27 zufrieden, 28 weniger zufrieden und 9 nicht zufrieden, bei den systemischen

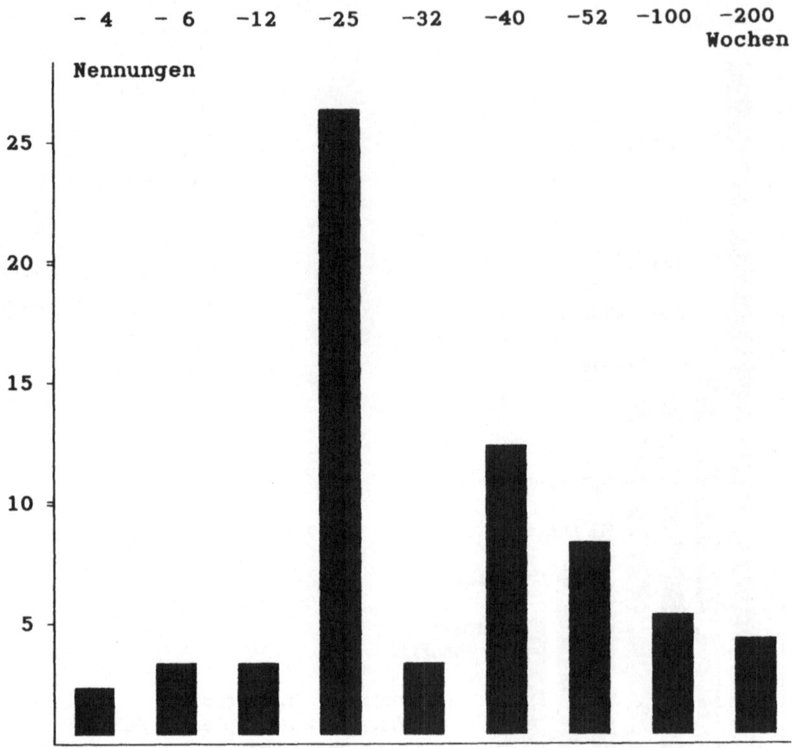

Abb. 5. Durchschnittliche Behandlungsdauer der Onychomykosen bei 80 Dermatologen

Präparaten bestand 15mal Begeisterung, 40mal Zufriedenheit, 15mal mäßige Zufriedenheit, 4mal Unzufriedenheit (Abb. 8).

Die Resonanz auf das vorgestellte Behandlungsprinzip war überwiegend positiv, an das neue Medikament werden große Hoffnungen geknüpft (Abb. 9).

Es bleibt zu wünschen, daß Mühe und Sorgfalt, die in die Entwicklung dieser neuen Wirkstoffkombination investiert wurden, in Zufriedenheit von Arzt und Patient den gebührenden Lohn finden. Auch wenn nicht davon auszugehen ist, daß die Erfolgsquote bei breiter Anwendung so hoch sein wird wie in den mit Sorgfalt durchgeführten klinischen Studien, und sicher nicht in der Größenordnung einer systemischen Therapie liegen kann, wie sie auch in eigenen Untersuchungen mit Ketoconazol, Vibunazol und Itraconazol erzielt wurden [12, 17, 31, 32, 33, 34], so kann wohl doch für einen großen Teil der Patienten die eingangs zitierte Forderung von Meinhof und Meyer-Rohn nach einer wirksamen Lokalbehandlung als erfüllt betrachtet werden. Im weiteren Verlauf des Symposiums wird sich zeigen, ob es in der Lage ist, unser Gefühl, den Behandlungserfordernissen gewachsen zu sein, zu verschärfen vermag.

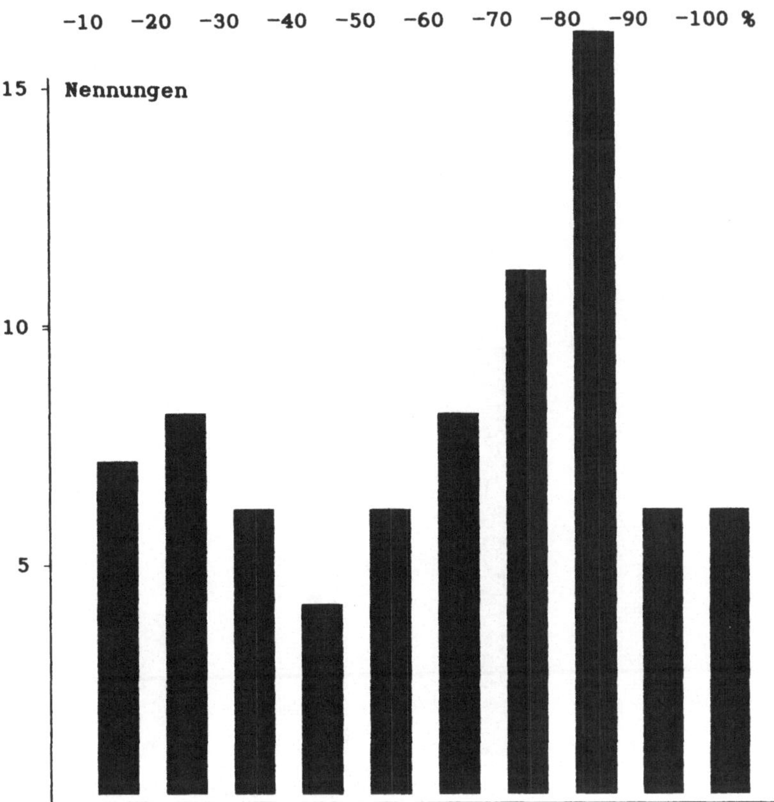

Abb. 6. Von 80 Dermatologen geschätzte Erfolgsquote der Onychomykose-Therapie

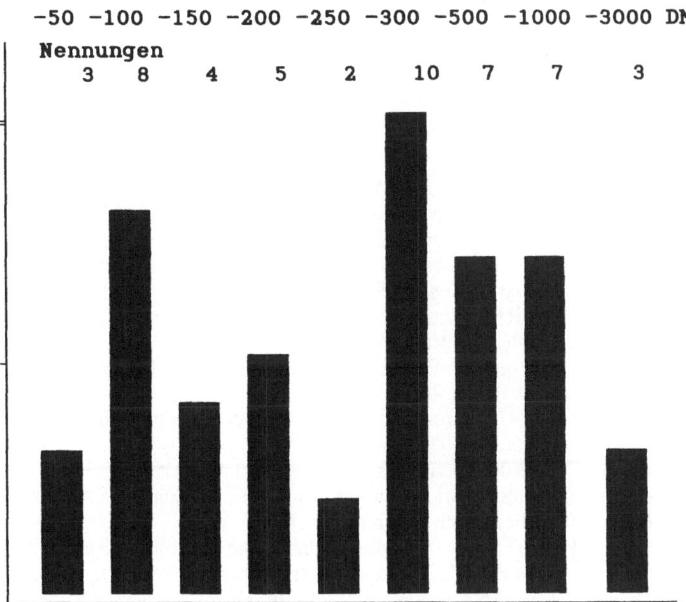

Abb. 7. Von 80 Dermatologen geschätzte Kosten der Onychomykosetherapie

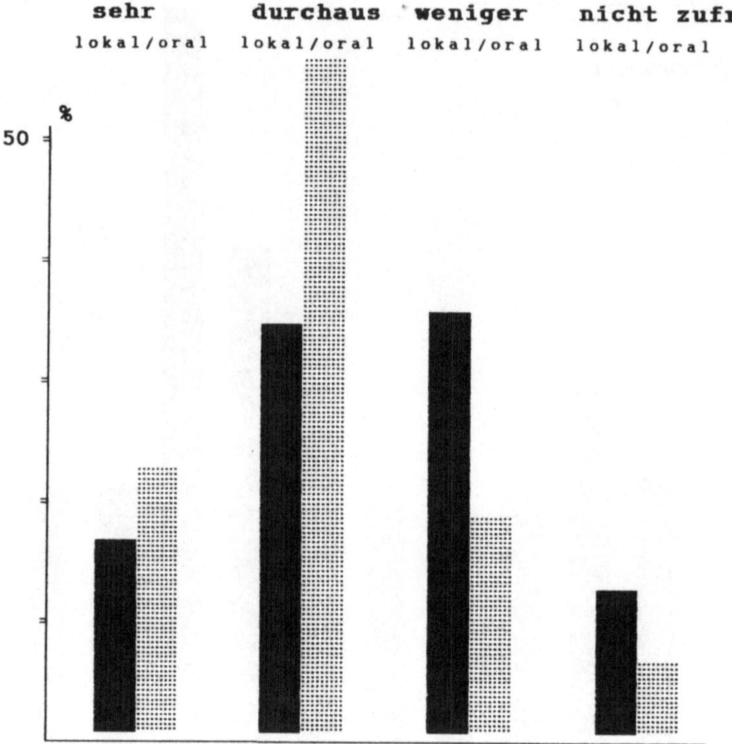

Abb. 8. Zufriedenheit der Dermatologen mit den verfügbaren Präparaten

Literatur

1. Achten G, Degreef H, Dockx P (1977) Treatment of onychomycosis with a solution of Miconazole 2% in alcohol. Mykosen 20:251
2. Botter AA (1971) Topical treatment of nail and skin infections with miconazole, a new broad-spectrum antimycotic. Mykosen 14:187
3. Döring HF (1986) Lokale Onychomykosetherapie mit einer neuen Bifonazol-Harnstoff-Zubereitung. Ärztl Kosmetol 16:441
4. Dorn M, Kienitz T, Ryckmanns F (1980) Onychomykose: Erfahrungen mit atraumatischer Nagelentfernung. Hautarzt 31:30
5. Dorn R, Vierzigmann E (1988) Onychoset – Psychologische Marktanalyse. Marktanalyse im Auftrag der Bayer AG
6. Farber EM (1978) Urea ointment in the non surgical avulsion of nail dystrophies. Cutis 22:689
7. Fekete G (1986) Experiences with Canesten preparations. Ther Hung 33:107
8. Felten GS, Stettendorf S (1987) Lokale Behandlung von Onychomykosen mit Bifonazol-Harnstoff-Salbe. Dtsch Dermatol 35:743
9. Götz H (1975) Plädoyer für die Medizinische Mykologie. Hautarzt 26:224
10. Goodman GJ (1986) Contemporary treatment of onychomycosis. Curr Therap 27:43
11. Haneke E (1985) Nagelerkrankungen. In: Hornstein OP, Nürnberg E (Hrsg) Externe Therapie von Hautkrankheiten. Thieme, Stuttgart New York, S 401

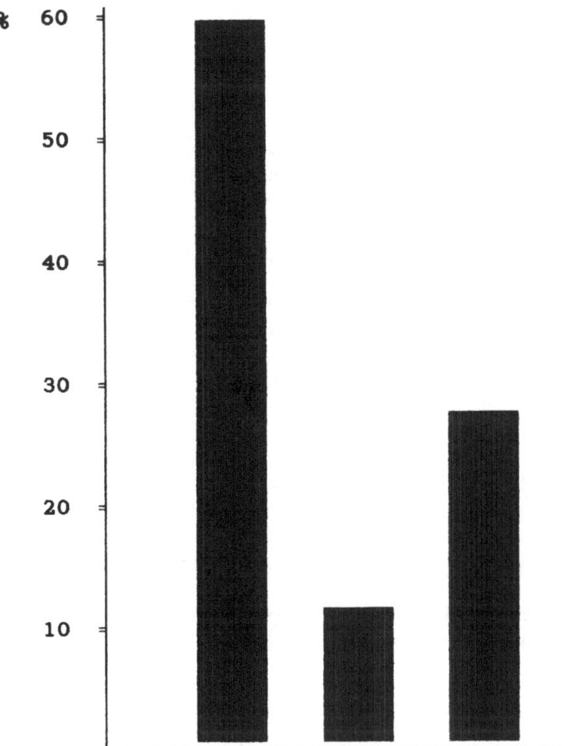

Abb. 9. Resonanz von 80 Dermatologen auf MYCOSPOR-Nagelset

12. Haneke E, Meisel C (1982) Wirksamkeit von Ketoconazol bei Onychomykosen. In: Seeliger PR, Hauck H (Hrsg) Chemotherapie von Oberflächen-, Organ- und Systemmykosen. Perimed, Erlangen, S 69
13. Hay RJ (1985) Tioconazol nail solution − an open study of its efficacy in onychomycosis. Clin Exp Dermatol 10:111
14. Hay RJ (1986) The current status of antimycotics in the treatment of local mycoses. Acta Derm Venereol (Stockh) 66 [Suppl]:103
15. Hay RJ (1986) Current treatment of dermatophytoses. Acta Derm Venereol (Stockh) 66 [Suppl]:117
16. Hay RJ, Clayton YM, Moore MK (1987) A comparison of tioconazole 28% nail solution versus base as an adjunct to oral Griseofulvin in patients with onychomycosis. Clin Exp Dermatol 12:175
17. Heel RC (1982) Onychomycosis and Perionyxis. In: Levine HB (ed) Ketoconazole in the management of fungal disease. ADIS Press, Sydney Tokyo Mexiko Auckland Hong Kong, p 104
18. Heinke E (1972) Klinische Erfahrung mit Miconazol unter besonderer Berücksichtigung einer konservativen Behandlung der Onychomykosen und Paronychien. Mykosen 15:405
19. Ishii M, Hamada T, Asai Y (1983) Treatment of onychomycosis by ODT Therapy with 20% urea ointment and 2% tolnaftate ointment. Dermatologica 167:273
20. Kalkoff K-W, Janke D (1958) Mykosen der Haut. In: Gottron HA, Schönfeld W (Hrsg) Dermatologie und Venerologie, Band II/2. Thieme, Stuttgart, S 1048

21. Keller Ph (1951) Behandlung der Haut- und Geschlechtskrankheiten, 3. Aufl. Springer, Heidelberg, S. 70
22. Klaschka F (1985) Therapie der Nagelmykosen mt Naftifin-Gel. Mykosen 28 [Suppl 1]:142
23. Kleine-Natrop HE (1979) Zur Galenik der Kalium-Jodid-Salbe für die atraumatische Nagelentfernung bei Onychomykosen. Dermatol Monatsschr 165:137
24. Koch H (1973) Leitfaden der Medizinischen Mykologie. Fischer, Stuttgart, S 26
25. Korting GW (1970) Therapie der Hautkrankheiten, 2. Aufl. Schattauer, Stuttgart, S 88, 93
26. Kull E (1973) Lokale Behandlung von Pilzaffektionen der Haut und der Nägel mit Daktarin, einem neuen Breitband-Antimykotikum. Schweiz Rundsch Med Prax 61:1308
27. Male O (1981) Medizinische Mykologie für die Praxis. Thieme, Stuttgart New York, S 47
28. Male O (1977) Die Mykosetherapie im Alltag des Dermatologen. Hautarzt 28 [Suppl]:167
29. Meinhof W (1976) Therapie der Onychomykosen. Akt Derm 2:155
30. Meinhof W (1980) Dermatomykosen. In: Korting GW (Hrsg) Dermatologie in Praxis und Klinik, Band II, 19.4–19.5, 19.18. Thieme, Stuttgart
31. Meinhof W, Meyer-Rohn J (1983) Nagelmykosen und ihre Therapie. Akt Derm 9:60
32. Meisel CW (1986) Zur Differentialdiagnose der Onychomykose. GIT 6 [Suppl]:57
33. Meisel CW (1987) Nebeneffekte der Ketoconazol-Therapie. GIT 6 [Suppl]:34
34. Meisel CW (1985) Itraconazol-Therapie von Mykosen. 1. Dermatologisches Forum Dortmund. Futuramed, München, S 47
35. Mohr CP (1988) Lokale Behandlung von Onychomykosen mit einer neuen Bifonazol-Harnstoff-Zubereitung. GIT 6 [Suppl]:42
36. Nolting S (1984) Non-traumatic removal of the nail and simultaneous treatment of onychomycosis. Dermatologica 168 [Suppl 1]:441
37. Nolting S, Fegeler K (1984) Medizinische Mykologie. Springer, Berlin Heidelberg New York Tokyo
38. Nolting S, Stettendorf S, Ritter W (1986) New trends in the treatment of onychomycosis. In: Hay R (ed) Advances in topical antifungal therapy. Springer, Berlin Heidelberg New York, p 108
39. Qadripur S-A, Horn G, Hoehler T (1981) Zur Lokalwirksamkeit von Ciclopiroxolamin bei Nagelmykosen. Arzneimittelforsch 31:1372
40. Rollman O (1982) Treatment of onychomycosis by partial nail avulsion and topical Miconazole. Dermatologica 165:54
41. Schabinski G (1960) Grundriß der Medizinischen Mykologie. Fischer, Jena, S 46
42. Scherwitz C, Meinhof W (1974) Antimykotika für die externe Behandlung von Dermatomykosen. Hautarzt 25:463
43. Schubert E (1973) Klinische Erfahrungen bei der Behandlung von Nagelmykosen mit dem neuen Antimykotikum BAY 5097 (Clotrimazol). Z Hautkr 48:887
44. Stein RO (1934) Die Erkrankungen der Nägel. In: Arzt L, Zieler K (Hrsg) Die Haut- und Geschlechtskrankheiten, Bd. III. Urban und Schwarzenberg, Berlin Wien, S 931
45. Stettendorf S (1988) Topical treatment of onychomycosis with Bifonazole-urea-ointment. 10th Congress of the ISHAM. Barcelona, 27. 6.–1. 7. 1988
46. Suringa DWR (1970) Superficial onychomycosis with topically applied glutaraldehyde, a preliminary study. Arch Dermatol 102:163
47. Vanderdonckt J, Lauwers W, Bockaert J (1976) Miconazole alcoholic solution in the treatment of mycotic nail infections. Mykosen 19:251
48. Villars V, Jones T (1988) The clinical profile of terbinafine: a new systemic and topical fungicidal drug for treatment of dermatomycosis. 10th Congress of the ISHAM. Barcelona. 27. 6.–1. 7. 1988

Alternatives Behandlungskonzept
der Nagelmykosen

I. Effendy und *H. Kolczak*

Die Onychomykosen stellen noch heute eine kurative crux medicorum dar. Obwohl eine Vielzahl von Behandlungsmöglichkeiten zur Verfügung steht, sind die mit der Onychomykosentherapie verbundenen Probleme nicht befriedigend gelöst. Alleinige topische antimykotische Behandlung vermag kaum die Nagelmykosen erfolgreich zu heilen [1, 4]. Dies liegt insbesondere an der unzureichenden Penetration der Wirksubstanz in die mykotisch befallene Nagelplatte. Eine systemische antimykotische Therapie ist in der Regel über lange Zeit durchzuführen; ein Behandlungserfolg kann − vor allem im Falle von Zehennägeln − jedoch ausbleiben [1, 3, 13]. Mögliche therapiebedingte Nebenwirkungen begrenzen darüber hinaus die Dauer einer systemischen Therapie. Lediglich eine − jedoch nicht unumstrittene − Kombinationstherapie mit chirurgischer Entfernung der Nagelplatte und Gabe von Griseofulvin sowie einem topischen Antimykotikum sollte als eine erfolgversprechende Therapie der dermatophytogenen Onychomykosen gelten [20, 25].

Prinzipiell wird vom Dermatologen jedoch die Notwendigkeit einer suffizienten Lokalbehandlung der Onychomykosen befürwortet. Damit wollen wir zunächst mögliche gravierende Nebenwirkungen von systemischen Antimykotika umgehen. Das Haupthindernis für eine erfolgreiche Lokaltherapie von Nagelmykosen ist zweifelsohne die sehr leistungsfähige Barrierefunktion verhornter Gewebe [21]. Eine wirksame Lokaltherapie setzt deshalb eine Eliminierung der befallenen Nagelteile bzw. der subungualen Hyperkeratosen voraus, wodurch einerseits eine bessere Penetration der Wirksubstanz ermöglicht wird, zum anderen die pilzhaltige Nagelmasse reduziert wird.

Eine zweckmäßige zeitgemäße Lokaltherapie der Onychomykosen müßte folgenden Anforderungen entsprechen: einfach in der Ausführung, antimykotisch wirksam, nebenwirkungsarm, compliancegerecht und ökonomisch vertretbar.

Unter Berücksichtigung dieser Anforderungen wurde die Kombinationstherapie durch apparatives Nagelschleifen und topische Gabe eines Antimykotikums konzipiert. Im Rahmen einer „Sprechstunde für Nagelmykosen" haben wir Patienten in den letzten Jahren diesem Verfahren unterzogen. Um Kriterien zu finden, die zukünftig eine Indikationsstellung für diese Form der Therapie erlauben, nahmen wir eine klinische Einteilung des Onychomykosebefalls vor. Über die dabei gewonnenen Ergebnisse und die daraus abgeleitete Behandlungsindikation soll im folgenden berichtet werden.

S. Nolting, H. C. Korting (Hrsg.)
Onychomykosen
© Springer-Verlag Berlin Heidelberg 1989

Patienten und Methoden

Das untersuchte Kollektiv umfaßte insgesamt 102 Patienten. Davon entfielen im Verlauf der Therapie 29 Patienten als „drop out", da bei ihnen aus verschiedenen Gründen (Non-Compliance: 23 Patienten, Sonstiges: 6 Patienten) keine Kontrolluntersuchung möglich war. Die Anamnese wurde standardisiert, der Nagelstatus vor Therapiebeginn und während der Kontrollen erhoben. Die Befunderhebung basiert auf der Einteilung der Onychomykosen in die bekannten klinischen Befallstypen [12, 26]. Die Bestimmung der Schwere des Nagelbefalls erfolgte durch Berechnung des Verhältnisses Gesamtoberfläche der sichtbaren Nagelplatte zu sichtbar verändertem Anteil derselben. Durch Skizzieren der Umrisse der Nagelplatte und der sichtbaren Befallsgrenzen auf einer dünnen Plastikfolie, Ausschneiden und Wiegen der beiden Anteile sowie Berechnen des Verhältnisses zueinander, wurde die Schwere des Befalls bestimmt und in Prozent angegeben. Der berechneten Befallsstärke folgte die Einteilung in 3 Befallsgrade:

I.   (leicht) = Befall bis 30% der sichtbaren Nagelplatte,
II. (mittel) = Befall von 30−60% der sichtbaren Nagelplatte,
III. (schwer) = Befall mehr als 60% der sichtbaren Nagelplatte.

Bei Befall mehrerer Nägel diente derjenige mit der größten Ausdehnung, meistens ein Großzehennagel, als Grundlage für die Befallsgradbestimmung.

Im Patientenkollektiv waren beide Geschlechter (34 weibliche Pat., 39 männliche Pat.) etwa gleich häufig vertreten. Das Durchschnittsalter war 49,4 Jahre. Die durchschnittliche Krankheitsdauer betrug 5,7 Jahre. Bei 67 Patienten wurde eine distale laterale subunguale Onychomykose, bei 5 Patienten eine superfizielle weiße Onychomykose und bei einem Patienten eine proximale subunguale Onychomykose diagnostiziert. Dabei wiesen 14 Patienten eine Onychomykose 1. Grades, 26 Patienten eine Onychomykose 2. Grades und 33 Patienten eine Onychomykose 3. Grades auf. Bei jedem Patienten waren im Durchschnitt 5 Zehennägel erkrankt.

Insgesamt 54 von 73 untersuchten Patienten waren bereits antimykotisch vorbehandelt. Bei 41 Patienten wurde nur eine alleinige Applikation eines Lokalantimykotikums, bei 5 Patienten nur Gabe von Systemantimykotika sowie bei 8 Patienten eine Kombinationstherapie (Nagelextraktion und Lokal- bzw. Systemantimykotikum) durchgeführt.

Die erste Entnahme der Untersuchungsmaterialien erfolgte im Rahmen dieser Untersuchung zweifach: Einmal wurden die Nagelspäne entsprechend der herkömmlichen Routineentnahme durch Schaben mit einem sterilen Skalpell entnommen. Zum anderen erfolgte die zweite Materialentnahme während des anschließenden Nagelschleifens durch Schaben und Sammeln von Fräsmaterial aus Übergangsbereichen zwischen optisch gesunden und pathologischen Nagelanteilen.

Die erkrankten Anteile der Nagelplatten wurden durch Nagelabschleifen mit einem elektrischen hochtourigen Schleifgerät (Schumann-Derma-Gerät, 15 000 bis 60 000 UpM bei stufenloser Regelung) atraumatisch entfernt (Abb. 1). Dabei wurde die befallene Nagelplatte samt der subungualen Hyperkeratosen − jedoch ohne Verletzung des Nagelbettes bzw. der Nagelhaut − unter besonderer Sorgfalt

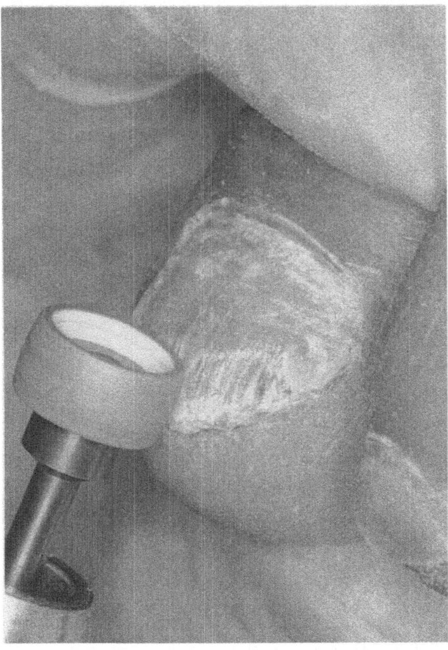

Abb. 1. Onychomykose. Nahaufnahme des
Schleifvorgangs mit einer Schleifscheibe

soweit wie möglich eliminiert. Bei ausgedehntem Nagelbefall führten wir zusätzliche Bohrungen der proximalen Nagelplatte [2] durch, um eine Wirkstoffpenetration zu der sonst kaum zugänglichen Pilzlokalisation zu ermöglichen. Um Kontaminationen zu vermeiden, erfolgte das Nagelabschleifen in einem dafür speziell angefertigten, nagelpartikeldichten Schutzkasten (Abb. 2). Das Schleifgerät und der Schutzkasten wurden nach jeder Anwendung sterilisiert bzw. desinfiziert.

Die anschließende Lokaltherapie erfolgte mit antimyzetisch wirksamen Lösungen (Bifonazol, Ciclopiroxolamin) über einen Zeitraum von 6 Monaten. Eine

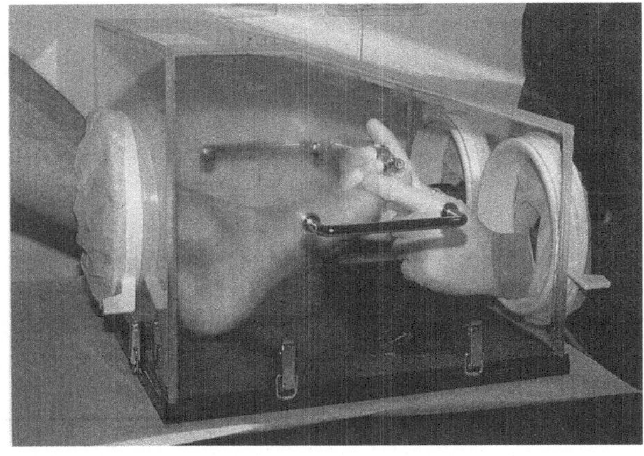

Abb. 2. Onychomykose.
Atraumatische Schnell-
Nagelentfernung durch
Nagelabschleifen mit einem
elektrischen Schleifgerät in
einem nagelpartikeldichten
Schutzkasten

Aufklärung über rezidivprophylaktische Maßnahmen wurde angeschlossen und ein diesbezügliches Informationsblatt dem Patienten ausgehändigt. Mögliche prädisponierende Faktoren wurden, soweit möglich, entsprechend behandelt.

Die Therapiekontrollen wurden einmal monatlich vorgenommen. 6–12 Monate nach Therapiebeginn wurden die Patienten zur Nachkontrolle erneut einbestellt.

Ergebnisse

Mykologische Diagnostik

Das Nativpräparat fiel bei der Routineentnahme nur in 70 (51,9%) von insgesamt 135 untersuchten Fällen positiv aus. Dagegen war das Nativpräparat bei der Abschleifentnahme 107× (79,2%) positiv. Die Abschleifentnahme führt nach statistischer Überprüfung signifikant häufiger zu pilzpositiven Nativpräparaten als die Routinemethode. Während alle pilzpositiven Nativpräparate beider Entnahmemethoden mit den Kulturresultaten übereinstimmten, ergab die Routineentnahme bei 35 Proben (26%) falsch negative Nativpräparate.

Unter Berücksichtigung weiterer Untersuchungsmaterialien, die unmittelbar vor der Studie auch mittels Routineentnahme gewonnen wurden, konnten wir insgesamt 195 Nagelproben untersuchen. Der kulturelle Pilznachweis gelang bei 98 Proben (50,3%). Von 135 mittels Abschleifen gewonnenen Nagelproben gelang bei 120 Proben (88,9%) der kulturelle Pilznachweis. Die statistische Überprüfung der Kulturergebnisse auf Signifikanz belegt, daß die Abschleifentnahme signifikant häufiger zu pilzpositiven Kulturen führt.

Die Übereinstimmung der positiven Resultate (Nativpräparat und Kultur) unter Abschleifentnahme beträgt 86% (103 Proben). In 3,7% (4 Proben) gelang trotz eines positiven Nativpräparates kein kultureller Nachweis. Ursächlich kommen die koexistenzhemmenden Mikroorganismen oder vorausgegangene antimykotische Therapie in Frage. In der Gruppe der 17 negativen Nativpräparate wurden kulturell 2× Dermatophyten, 3× Schimmel und 2 Doppelinfektionen sowie 10× Hefen nachgewiesen. Hefen weisen bekanntlich häufig keine Pseudohyphen im Direktpräparat auf.

Dermatophyten (n = 73) dominierten in dem Erregerspektrum, gefolgt von Hefen (n = 28) und Schimmel (n = 23). Die häufigsten isolierten Pilze waren *Trichophyton rubrum* (57×), *Trichophyton mentagrophytes* (14×), *Candida parapsilosis* (7×), *Candida guilliermondii* (6×), *Scopulariopsis brevicaulis* (9×) und *Aspergillus species* (7×).

Atraumatische Schnell-Nagelentfernung

Durch ein einmaliges Nagelabschleifen konnten zu Beginn der Behandlung in aller Regel die befallenen Nagelteile problemlos eliminiert werden (Abb. 3). Für die atraumatische Entfernung eines Großzehennagels benötigten wir 5 bis 7 Minuten. Das für manche unangenehme „bohrende" Geräusch des Abschleifgerätes

Abb. 3. Onychomykose. Großzehennagel bei Zustand nach unmittelbarer Sanierung des nagelwallnahen Bereichs mit einem spitz zulaufenden Fräserkopf

war anfangs jedoch oft der Grund, daß das Behandlungsverfahren zuerst von Patienten mit einiger Skepsis betrachtet wurde. Abschleifbedingte Reibungskräfte erzeugen Hitze, die sich jedoch erst bei einer geringen Nagelplattendicke und in Abhängigkeit vom angewandten Druck sowie der Umdrehungsgeschwindigkeit der Fräse in momentanem Brennschmerz – der individuellen Schmerzschwelle des Patienten entsprechend – äußert. Bei der Sanierung der nagelwallnahen Bereiche war Sorgfalt geboten. Am effektivsten war hier ein spitz zulaufender Fräsenkopf.

Grundsätzlich erwiesen sich Fingernägel empfindlicher als Fußnägel, so daß bei ersteren die endgültige Sanierung erst bei der nachfolgenden Kontrolle erfolgen konnte. Die Eliminierung erkrankter Nagelanteile wurde je nach dem klinischen Befund bei Kontrolluntersuchungen durch erneutes Nagelabschleifen erzielt. Auch hier wurde regelmäßig Material für die mykologische Kontrolluntersuchung entnommen.

In keinem Fall war durch das mechanische Abschleifen eine Schädigung des Nagelbettes entstanden. Auch bei keinem Patienten wurden Nagelwachstumsstörungen nach der Nagelabschleif-Behandlung beobachtet.

Therapeutische Wirksamkeit (Abb. 4, 5, 6)

73 von 102 Patienten des Ausgangskollektivs konnten nach 6monatiger Behandlung mykologisch und klinisch untersucht werden. Gemessen am negativen Pilzkulturergebnis betrug die mykologische Heilungsrate nach 1monatiger Behandlung 21,9% (16/73). Während nach 3monatiger Behandlung die mykologische Heilungsrate 43,4% (39/73) betrug, konnte nach 6monatiger Behandlung eine

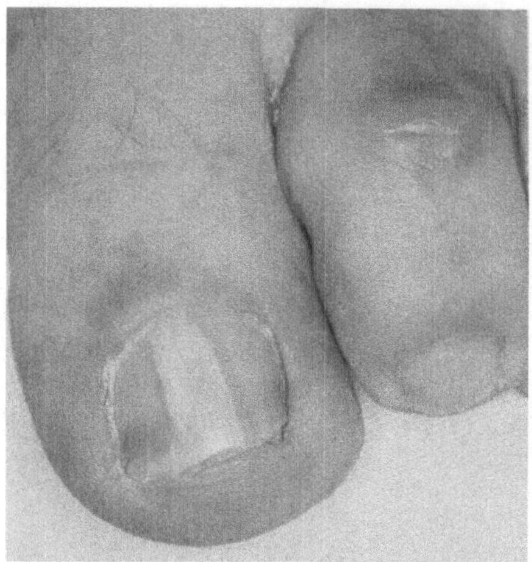

Abb. 4. Distale subunguale Onychomykose, 1. Befallsgrad, Erreger: *Scopulariopsis brevicaulis*. Vor der Behandlung

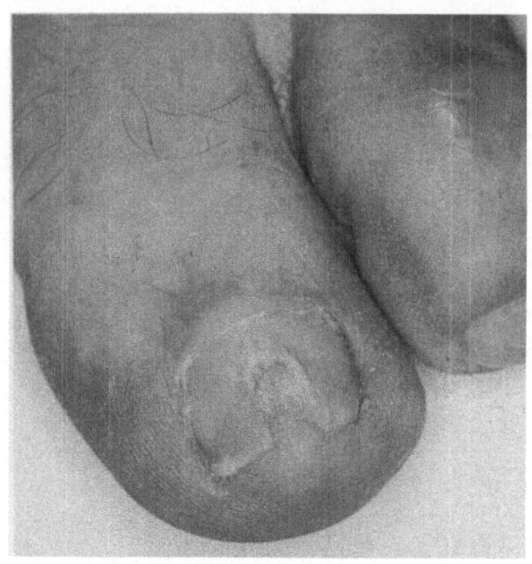

Abb. 5. Distale subunguale Onychomykose. Zustand nach 1monatiger Behandlung

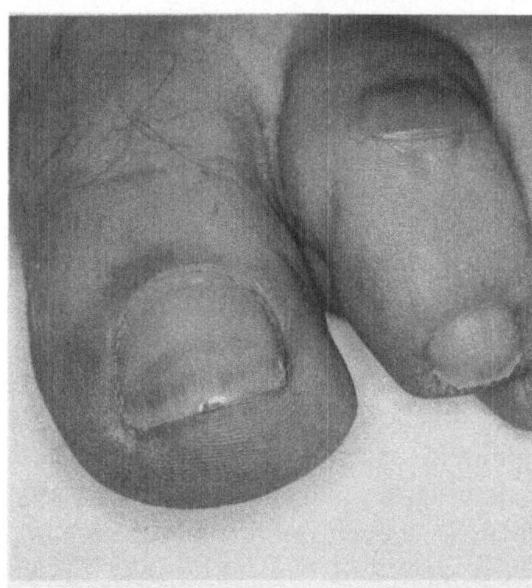

Abb. 6. Distale subunguale Onychomykose. Zustand nach 6monatiger Behandlung. Klinische Heilung bei bereits seit drei Monaten bestehender mykologischer Heilung

mykologische Heilung bei 50 Patienten (68,4%) festgestellt werden. Betrachtet man indes die einzelnen Patientengruppen nach dem jeweiligen klinischen Befallsgrad, zeigt sich eine tendenziell höhere Heilungsrate bei Patienten mit Onychomykose 1. Grades bzw. 2. Grades als bei den Patienten mit Onychomykose-Befallsgrad 3 (Tabelle 1).

Klinische Heilung und Besserung (Reduktion des primären Nagelbefalls >40%) wurde nach 6monatiger Behandlung in 60,2% (44/73) erzielt. Bei den restlichen 29 Patienten war hingegen noch keine sichtbare Nagelbesserung festzustellen. Befallsgradabhängige Heilungstendenzen sind − wie auch bei der mykologischen Heilungsrate − aus der Tabelle 2 ersichtlich.

Tabelle 1. Mykologischer Heilungsverlauf während sechsmonatiger Behandlung

Diagnose	Pat.-Zahl	nach 1 Mo.	3 Mo.	6 Mo.
OM-Befallsgrad I	14	4	11	12
OM-Befallsgrad II	26	8	18	21
OM-Befallsgrad III	33	4	10	17
Gesamt	73	16	39	50

Tabelle 2. Klinische Heilung nach sechsmonatiger Behandlung

Diagnose	Pat.-Zahl	Heilung	Besserung[a]	keine Veränderung
OM-Befallsgrad I	14	11	–	3
OM-Befallsgrad II	26	12	5	9
OM-Befallsgrad III	33	–	16	17
Gesamt	73	23	21	29

[a] Reduktion des primären Befalls >40%

Die mykologische Heilung weist signifikante Häufigkeitsunterschiede zwischen den Befallsgraden auf. Die statistische Auswertung der klinischen Heilung/Besserung bestätigt die mykologischen Resultate nicht. Hinsichtlich der klinischen Heilung besteht nach 6monatiger Behandlung zwischen den drei klinischen Befallsgraden kein signifikanter Unterschied. Das liegt daran, daß – bedingt durch die langsame Wachstumsgeschwindigkeit der Zehennägel – bei einer Onychomykose 3. Grades nach 6monatiger Therapie nicht mit klinischer Heilung zu rechnen ist. Gemäß der durchschnittlichen Regenerationszeit der gesamten Großzehennagelplatte innerhalb von 15 Monaten ist im 6monatigen Beobachtungszeitraum gesunder Nachwuchs von nur etwa 40% der Nageloberfläche zu erwarten.

Bei insgesamt 50 Patienten, welche nach 6monatiger Therapie noch keine klinische Heilung aufwiesen, wurde die Lokaltherapie noch weitere drei Monate fortgesetzt.

Die katamnestische Untersuchung ein Jahr nach Behandlungsbeginn umfaßte insgesamt 66 Patienten. Ein Patient mit einer Onychomykose 1. Grades, zwei Patienten mit einer Onychomykose 2. Grades sowie vier Patienten mit einer Onychomykose 3. Grades stellten sich nicht zur Nachkontrolle vor. 37 (56%) von 66 nachuntersuchten Patienten waren erscheinungsfrei. Einen noch sichtbaren Nagelbefall wiesen immerhin 26 (39,3%) Patienten auf. Bei drei (4,5%) Patienten kam es zu einem Rezidiv der Onychomykose. Die Resultate der mykologischen und klinischen Befunde in Abhängigkeit vom primären klinischen Befall sind in der Tabelle 3 veranschaulicht.

Unter Berücksichtigung der klinischen Befallsgrade zeigte sich bei den eingesetzten Antimykotika kein signifikanter Unterschied im Therapieerfolg weder in bezug auf mykologische Heilung noch auf klinische Heilung/Besserung.

Tabelle 3. Klinische und mykologische Befunde 1 Jahr nach Behandlungsbeginn

Diagnose	Pat.-Zahl	erscheinungs-frei	noch Veränderung	erneute Veränderung
OM-Befallsgrad I	13	10−0[a]	3−1[a]	−
OM-Befallsgrad II	24	17−0[a]	5−1[a]	2−1[a]
OM-Befallsgrad III	29	10−0[a]	18−3[a]	1−1[a]
Gesamt	66	37	26	3

[a] pos. Nativpräparat und pos. Pilzwachstum

Diskussion

Eine systematische Therapie der Nagelmykosen, die in aller Regel über lange Zeit durchzuführen ist, ist bis heute noch mit möglichen ernstzunehmenden Nebenwirkungen behaftet [3, 13]. Auf der anderen Seite ist durch alleinige antimykotische Lokalbehandlung eine Heilung der Mykosen der Zehennägel praktisch nie zu erzielen [4]. Der Grund liegt darin, daß eine Penetration des Wirkstoffes in die oft mit subungualen Keratosen einhergehende Nagelplatte kaum möglich ist, und damit die im Nagelbett befindlichen Pilzelemente meistens unberührt bleiben. Um die Barrierefunktion verhornten Gewebes zu überwinden, setzt lokale antimykotische Therapie eine angemessene Vorbehandlung des Nagels voraus. Gründe, die gegen eine Nagelextraktion sprechen, lassen sich wie folgt zusammenfassen:
− Extraktionsbedingte Reduktion der Wachstumsgeschwindigkeit der Nägel [14],
− Verdickung der Nagelplatte und vermehrte Querwölbung nach wiederholten Nagelextraktionen [23],
− Häufig zu beobachtender, ästhetisch unzulänglicher Nagelneuwuchs,
− Mögliche postoperative Nagelbettinfektion mit Wundheilungsstörungen,
− Unverhältnismäßigkeit des Eingriffs bei geringer Befallsstärke,
− Unabkömmlichkeit des Patienten am Arbeitsplatz oder in der Familie.

Als Alternativverfahren zur Nagelextraktion stehen atraumatische, chemomechanische Methoden zur Verfügung. Derzeit gebräuchliche Keratoplastika sind Kalium jodatum und Harnstoff. In einer Vergleichsstudie zwischen Nagelextraktion und atraumatischer Nagelentfernung wurden in etwa gleich große Heilungsquoten (59% : 57%) für beide Verfahren erreicht [24]. Mit dem Nagelschleifen steht ein weiteres Alternativverfahren zur Nagelextraktion zur Verfügung. Es handelt sich hierbei um ein seit langem bekanntes Verfahren [17]. Über Erfahrungen mit ähnlichen Behandlungsmethoden bei Onychomykosen wurde bereits berichtet [5, 15, 16, 18].

In der vorliegenden Untersuchung erfolgte die Eliminierung der mykotisch befallenen Nagelplatte durch mechanisches Abschleifen mit dem Schumann-Derma-Gerät bei allen Patienten ohne Schwierigkeiten. Zum optimalen, schonenden Nagelabschleifen sollten der Druck und die Umdrehungsgeschwindigkeit der Fräse jedoch nach der individuellen Schmerzschwelle des Patienten reguliert werden. Durch ein einmaliges Nagelabschleifen konnte bei den meisten Patienten eine gründliche „Nagelbettsäuberung" und somit eine therapiegerechte Nagelkonditionierung erreicht werden. Darüber hinaus scheint das nunmehr ästhetisch bessere Aussehen der abgeschliffenen Nägel die Patienten zu motivieren, den Nagelzustand durch regelmäßiges Selbstfeilen zu erhalten. Wir können auch die einmal bereits berichtete Erfahrung [15] bestätigen, daß nach Eliminierung mykotisch veränderter Nagelteile der Nagel besser und schneller wächst. Unter Anwendung eines nagelpartikeldichten Schutzkastens ist u.E. eine mögliche Pilzinhalation nicht mehr zu befürchten.

Ein anderes Problem der Onychomykosen ist die sowohl aus der Literatur [6, 9, 11] als auch aus eigener Praxis geläufige Diskrepanz zwischen klinisch typischen Mykosezeichen und negativem Nativpräparat bzw. zwischen positivem Nativpräparat und negativer Pilzkultur. Der Grund dafür ist, daß das Untersuchungsmaterial durch die herkömmliche Abschabetechnik oft nur aus oberflächlichen Nagelbereichen stammt und selten in ausreichender Menge gewonnen werden kann [9]. Eine frühere Untersuchung [19] belegt, daß die Treffsicherheit der mykologischen Diagnose der Onychomykose von der Materialentnahmetechnik abhängig ist und durch Abrasionsentnahme gesteigert werden kann. Dies konnte durch die vorliegende Studie bestätigt werden. Während die Übereinstimmung zwischen pilzpositiven Nativpräparaten und Pilzkultur bei Routineentnahme in der Literatur mit 50% bis max. 75% angegeben wird [6, 8], betrug sie in der vorliegenden Untersuchung 86%. Zu vergleichbaren Resultaten führten andere Studien [6, 7] mit 85,2% und 88% bei Verwendung von Suction Drill.

In der vorliegenden Untersuchung wurden nach Vorbehandlung durch Nagelabschleifen und Therapie mit 1% Bifonazol- bzw. 1% Ciclopiroxolamin-Lösung in 61% bzw. 76% mykologische Heilung und 58% bzw. 62% klinische Heilung/Besserung erzielt. Die statistische Überprüfung ergab − trotz der Unterschiede im Wirkungsansatz und in der Pharmakokinetik der verwendeten Antimykotika − keinen signifikanten Unterschied.

Als statistisch signifikant erwies sich dagegen die Abhängigkeit der mykologischen Heilungsrate vom primären klinischen Befallsgrad. Bei klinischen Befallsgraden mit weniger als 60% Befall der Nagelplatte betrug die mykologische Heilung 82,5%; klinische Befallsgrade über 60% der Nagelplatte konnten nur in 51,5% der Patienten ausgeheilt werden. Mit steigendem Befallsgrad sinkt somit die Wahrscheinlichkeit, die Pilze vollständig, insbesondere aus dem Bereich der von dem Nagelabschleifen unbeeinflußten Nagelmatrix, zu eliminieren. Die Komplexität des anatomischen Aufbaus der Nageleinheit legt dieses Ergebnis nahe. Untersuchungen von longitudinalen Nagelbiopsien bei Onychomykosen belegen, daß mit zunehmender Schwere der klinischen Nagelveränderungen Hyphen bzw. Sporen um so häufiger im proximalen Nagelbereich anzutreffen sind [10].

Die Prozentsätze der klinischen Heilung/Besserung (Reduktion des primären klinischen Befalls um mehr als 40%) fielen nach 6monatiger Behandlung niedriger aus als die mykologische Heilungsrate. Bei klinischen Befallsgraden mit weniger als 60% Befall der Nagelplatte betrug die Heilung/Besserung 70%, klinische Befallsgrade von mehr als 60% Befall der Nagelplatte konnten nur in

48,5% der Patienten geheilt bzw. gebessert werden. Die Häufigkeitsverteilungen der klinischen Heilung/Besserung erwiesen sich bei statistischer Prüfung als nicht signifikant. Dieses Ergebnis ist auf dem Hintergrund individueller Unterschiede aufgrund von Basalläsionen und prädisponierenden Faktoren zu sehen. Differenzen, u.a. in der Wachstumsgeschwindigkeit der Nägel und den Zirkulationsverhältnissen der unteren Extremitäten, wurden zwar anamnestisch erfaßt, stellten aber keine kontrollierten Variablen der vorliegenden Untersuchung dar.

Qadripur [22] konnte einen signifikanten Zusammenhang zwischen der Größe primär veränderter Nagelanteile und dem Grad der Rückbildung unter Lokaltherapie mit 1% Ciclopiroxolamin-Lösung feststellen. Dieses Resultat kann jedoch durch vorliegende Untersuchung nur für die mykologische Heilungsrate bestätigt werden. Klinische Befallsgrade mit mehr als 60% der Nagelplatte stellen mit 51,5% mykologischer Heilung und 48,5% klinischer Heilung/Besserung die Grenze der Effizienz des dargestellten Behandlungsverfahrens dar. Dieses Ergebnis wurde nach einem 6monatigen katamnestischen Intervall im großen und ganzen bestätigt. Hier wird die Indikation dieses Behandlungsverfahrens bei Onychomykosen deutlich. Onychomykosen 1. und 2. Grades sind aufgrund der vorliegenden Untersuchungsergebnisse mit der Kombinationsbehandlung am ehesten erfolgversprechend zu therapieren. Ungeachtet der Tatsache, daß das Behandlungsverfahren bei Onychomykosen mit mehr als 60% primären klinischen Nagelbefalls lediglich als eine − effektive und schonende − symptomatische Lokaltherapie angesehen werden kann, wäre zur Ausheilung der Onychomykosen 3. Grades der zusätzliche Einsatz systemischer − moderner nebenwirkungsarmer − Antimykotika zu erwägen.

Zusammenfassung

Um eine zweckmäßige, nebenwirkungsarme, jedoch nicht minder wirksame Therapie von Onychomykosen zu realisieren, wurde eine Kombinationsbehandlung durch Nagelabschleifen und Lokal-Antimykotikum konzipiert. 102 Patienten mit Onychomykosen wurden mit diesem Behandlungsverfahren therapiert. Die atraumatische Schnell-Nagelentfernung erfolgte mittels eines elektrischen Schleifgerätes; die anschließende Lokaltherapie mit antimyzetisch wirksamen Lösungen (Bifonazol, Ciclopiroxolamin). Die Schwere des Nagelbefalls, die vor Behandlungsbeginn bestimmt wurde, wies für das Behandlungsverfahren relevante Effektivitätsunterschiede auf. Während bei Befallsgraden, die weniger als 60% der sichtbaren Nagelplatte betrugen, eine sehr befriedigende Wirksamkeit erzielt wurde, konnte bei Befallsgraden mit mehr als 60% der Nagelplatte bzw. bei ausgedehntem Befall des proximalen Nagelanteils nur eine mäßige Effizienz ermittelt werden. Nachteile und Vorteile des Behandlungsverfahrens werden im Vergleich zu anderen Therapiemethoden diskutiert. Darüber hinaus konnte durch die vorliegende Studie auch belegt werden, daß die Treffsicherheit der mykologischen Diagnose Onychomykose von der Entnahmetechnik des Untersuchungsmaterials abhängig ist. Sie ist am größten, wenn man das beim Abschleifen gewonnene Material zur Untersuchung heranzieht.

Literatur

1. Baran R, Hay RJ (1985) Partial surgical avulsion of the nail in onychomycosis. Clin Exp Dermatol 10:413
2. Brehm J (1977) Treating onychomycosis. Lancet ii:937
3. Davies RR, Everall JD, Hamilton E (1967) Mycological and clinical evaluation of griseofulvin for chronic onychomycosis. Br Med J iii:464
4. Dorn M, Kienitz T, Ryckmanns F (1980) Onychomykose: Erfahrungen mit atraumatischer Nagelentfernung. Hautarzt 31:30
5. Effendy I, Kolczak H (1987) Lokaltherapie der Onychomykosen: Abrasion plus Antimykotikum. In: Rüping KW, Stary A, Tronnier H (Hrsg) 2. Dermatologisches Forum, Dortmund. Neues in der Therapie. medical concept, München, S 136
6. English MP, Atkinson PR (1973) An improved method for the isolation of fungi in Onychomycosis. Br J Dermatol 88:237
7. English MP, Atkinson PR (1974) Onychomycosis in elderly chiropody patients. Br J Dermatol 91:67
8. Gentles JC (1971) Laboratory investigations of dermatophyte infections of nails. Sabouraudia 9:149
9. Goslen BJ, Kobayashi GS (1986) Fungal disease with cutaneous involvement. In: Fitzpatrick TB et al. (eds) Dermatology in General Medicine. McGraw-Hill, New York, pp 2223
10. Haneke E (1985) Nail Biopsies in Onychomycosis. Mykosen 28:473
11. Hantschke D (1971) Ein neues Verfahren zur Züchtung von Dermatophyten speziell aus Nagelmaterial. Mykosen 9:129
12. Hay RJ, Baran R (1984) Fungal (onychomycosis) and other infections of the nail apparatus. In: Baran R, Dawber RPR (eds) Diseases of the nail and their management. Blackwell, Oxford, pp 121
13. Hay RJ, Clayton YM (1984) Treatment of chronic dermatophyte infections. The use of ketoconazole in griseofulvin treatment failures. Clin Exp Dermatol 7:611
14. Jank M (1986) Gelatinebehandlung bei Onychomykosen. Wiener Med Wochenschr 8:154
15. Jeremiasse HP (1960) Treatment of nail infections with griseofulvin combined with abrasion. Clin Exp Dermatol (Transactions of St. John's Hosp/Dermatol Soc London) 45:92
16. Kejda J (1974) Nagelmykosen in der Praxis. Castellania 2:251
17. Kile RL, Welsh AL (1940) The use of a drill on diseased nails. Arch Dermatol 42:1123
18. Klaschka F (1985) Therapie der Onychomykose mit Naftifin-Gel. Mykosen 28 [Suppl 1]:142
19. Kolczak H, Effendy I (1986) Zur Treffsicherheit der Pilzdiagnostik bei Onychomykosen durch Nagelabrasion. GIT 6 [Suppl]:30
20. Meinhof W (1976) Therapie der Onychomykosen. Akt Dermatol 2:155
21. Meinhof W, Meyer-Rohn J (1983) Nagelmykosen und ihre Therapie. Akt Dermatol 9:60
22. Qadripur SA, Horn G, Höhler T (1981) Zur Lokalwirksamkeit von Ciclopiroxolamin bei Nagelmykosen. Arzneimittelforschung (Drug Res) 31 (II):1369
23. Runne U (1983) Operative Eingriffe am Nagelorgan: Indikation und Kontraindikation. Z Hautkr 58:324
24. Seebacher C, Kleine-Natrop HE, Kafka G (1973) Die atraumatische Entfernung pilzinfizierter Nägel durch örtliche Anwendung von Kalium jodatum. Dermatol Monatsschr 159:631
25. Stephan B (1966) Katamnestische Untersuchungen griseofulvinbehandelter Onychomykosen. Mykosen 9:179
26. Zaias N (1972) Onychomycosis. Arch Dermatol 105:263

Orale Therapie von Onychomykosen

H. C. Korting

Einleitung

Bis zur Einführung des ersten oral applizierbaren Antimykotikums galt die Onychomykose den meisten Dermatologen als mehr oder minder unheilbare Erkrankung. Vor der Einführung von Griseofulvin wurde zur Behandlung der Onychomykose im wesentlichen die chirurgische Entfernung der befallenen Nagelplatten, die Nagelextraktion, als die Therapiemaßnahme schlechthin angesehen, wobei man sich freilich der hohen Rückfallrate nach entsprechendem Vorgehen wohl bewußt war [4, 11]. Vor diesem Hintergrund kann es nicht wundernehmen, wenn die Behandlungserfolge im Rahmen des ersten klinischen Einsatzes von Griseofulvin auch bei Dermatophyten-bedingten Onychomykosen − und nicht nur bei anderen Dermatophytosen − [3, 28] mit großer Begeisterung aufgenommen wurden. Man hat nachgeradezu von einem „Griseofulvinrausch" gesprochen, der freilich binnen weniger Jahren verflog, erwies sich das Problem der Onychomykosen doch mit der Einführung des Griseofulvins allein noch keineswegs als gelöst [19]. In gewissem Umfang ging diese Ernüchterung einfach darauf zurück, daß man anfänglich eine Verbesserung bei Nagelveränderungen von Griseofulvin erwartet hatte, die entweder durch andere Pilze als Dermatophyten bedingt waren − die mehr oder minder exklusive Wirksamkeit von Griseofulvin auf Dermatophyten war von Anfang an bekannt − oder überhaupt nicht durch Pilze. Darüber hinaus wurde aber auch zunehmend deutlich −, und dies sollte sich in der Zukunft als wesentlich wichtiger erweisen −, daß speziell bei den durch Dermatophyten bedingten Onychomykosen der Füße keineswegs regelmäßig eine Heilung zu erzielen war.

Therapieergebnisse mit Griseofulvin in herkömmlicher Präparation

Wie sich die Situation im deutschsprachigen Raum zu Beginn der 60er Jahre darstellte, zeigt die Untersuchung von Kruspel [17], wonach bei täglicher oraler Zufuhr von einem Gramm Griseofulvin in vier Einzeldosen (neben desinfizierenden Teilbädern) bei neun von zehn Patienten binnen durchschnittlich 120 Tagen eine isolierte Dermatophytose der Fingernägel, binnen durchschnittlich 160 Tagen eine isolierte Dermatophytose der Zehennägel bei 8 von 16 Individuen und binnen durchschnittlich 170 Tagen eine Dermatophytose von Finger- und Zehennägeln bei 23 von 39 Patienten zur Abheilung gebracht werden konnten. Zudem

S. Nolting, H. C. Korting (Hrsg.)
Onychomykosen
© Springer-Verlag Berlin Heidelberg 1989

wurde binnen sechs Monaten nach Abheilung kein Rezidiv verzeichnet, und Erreger erwiesen sich zu Therapieende nicht mehr als nachweisbar.

Selbst diese vergleichsweise gut dokumentierte Untersuchung veranschaulicht aber ein prinzipielles Problem der allermeisten publizierten Onychomykose-Studien: Die von vielen Seiten als notwendig erachtete Langzeitkontrolle (vergl. [18]). Der Nachbeobachtungszeitraum nach Therapieende sollte im Minimum ein Jahr betragen, bis zu diesem Zeitpunkt sind gleichermaßen klinische wie mikrobiologische Untersuchungen durchzuführen. Solange dieses Kriterium nicht allgemein anerkannt wird, wird es auch in Zukunft schwerfallen, Ergebnisse unterschiedlicher Untersucher mit unterschiedlichen Therapieprotokollen miteinander in Beziehung zu setzen.

Dies wird auch bei der näheren Betrachtung der graphischen Aufbereitung der Therapieergebnisse mit Griseofulvin durch Zaias [29] deutlich. Die Abb. 1 zeigt die Heilungsraten, worunter hier zunächst einmal klinische Heilungsraten zu verstehen sind, bei Anwendung von Griseofulvin in der ursprünglichen Präparation in unterschiedlichen Dosen, ohne oder mit gleichzeitiger Entfernung der Nagelplatte, wie sie auch in der Griseofulvin-Aera weiter diskutiert wird, sowie die Heilungsrate bei Anwendung eines besser resorbierbaren, i.e. mikrokristallinen Griseofulvins.

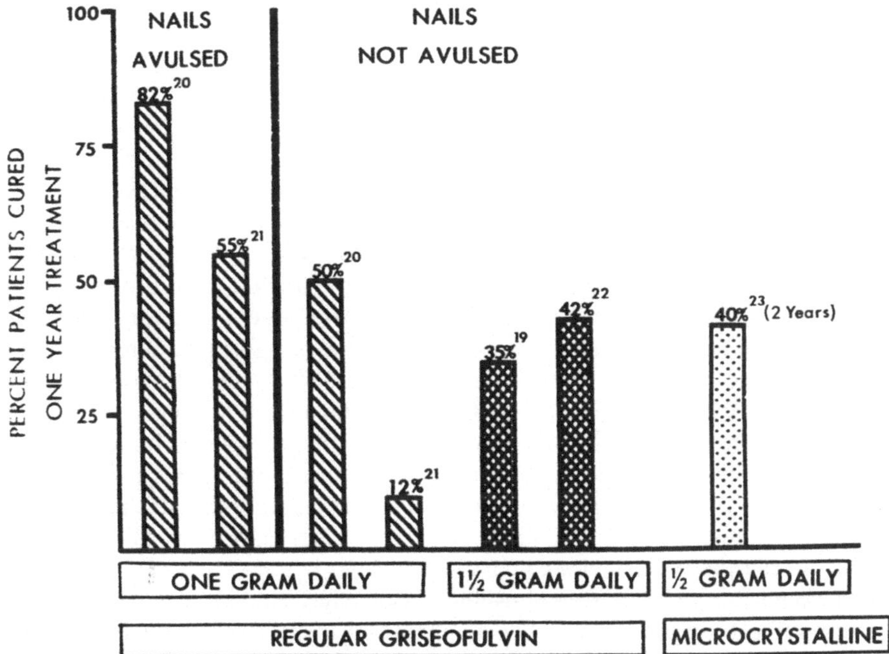

Abb. 1. Heilungsraten der Onychomykose bei Anwendung unterschiedlicher Griseofulvin-Therapieprotokolle (aus [29]). Zugrundegelegt sind hier die Untersuchungen von Russell et al. [22], Hargreaves [11], Kaden [14], Stevenson und Djanavahiszwili [27] sowie Hagermark et al. [9]

Therapieergebnisse mit ultramikronisiertem Griseofulvin

Ein weiterer Fortschritt in der Therapie der Onychomykosen wird von Zaias [29] in der Entwicklung von ultramikronisiertem Griseofulvin, auch Polyethylenglykol 4000-Griseofulvin genannt, gesehen, obwohl auch seiner Meinung nach hierzu noch keine hinreichenden Daten aus Therapiestudien speziell bei der Onychomykose vorliegen. Kaum ein Zweifel aber kann daran bestehen, daß weitere Therapiefortschritte mit Griseofulvin nur dann zu erwarten sind, wenn größere Mengen dieser Substanz am Wirkort tatsächlich zur Verfügung gestellt werden können.

Einen wesentlichen Hinweis in dieser Richtung gibt die bereits angeführte Untersuchung von Hagermark et al. [9], wonach die Wahrscheinlichkeit der Heilung einer Onychomykose mit Griseofulvin mit den tatsächlich erreichten Plasmaspiegeln dieses Medikaments korreliert. Daß die herkömmlicherweise zu erzielenden Griseofulvin-Konzentrationen tatsächlich als kritisch anzusehen sind, zeigt auch die Studie von Artis et al. [2], die eine Abhängigkeit des Therapieerfolgs mit Griseofulvin bei Dermatophytosen ausschließlich Onychomykosen von der Erregerempfindlichkeit in vitro aufzeigt: Dermatophytosen sprachen nur noch minimal oder im Regelfall überhaupt nicht mehr auf Griseofulvin oral an, wenn die minimale Hemmkonzentration − gemessen am Mikrodilutionstest [8] − bei 3 µg/ml oder mehr gefunden wurde.

Dabei handelt es sich um Konzentrationen, wie sie beim Menschen im Blut resp. sonstigem Gewebe, speziell auch am Infektionsort Haut, durch Gabe von Griseofulvin in konventionellen Präparationen und konventioneller Dosierung höchstens kurzzeitig erreicht werden können. Eigenen Untersuchungen zufolge liegen die Plasmaspiegel von mikronisiertem Griseofulvin nach Einmalgabe von 500 mg (Fulcin S, ICI-Pharma, Plankstadt) bei maximal 1,39 ± 0,25 µg/ml, der entsprechenden Wert nach Verabreichung von 330 mg ultramikronisierten Griseofulvins (Polygris, Essex-Pharma, München) bei 1,25. Die mittleren Spitzenspiegel in kutaner Saugblasenflüssigkeit liegen bei 0,58 ± 0,98 µg/ml, in Kantharidinblasenflüssigkeit bei 0,84 ± 0,14 µg/ml. Beim Vergleich der beiden Präparationen in der von den Herstellern vorgeschlagenen Dosierung zeichnet sich das ultramikronisierte Griseofulvin durch eine mit 64% wesentlich höhere Bioverfügbarkeit als beim mikronisierten (52%) aus [24]. Bei chronischer Gabe von Griseofulvin ist in jedem Falle mit einer Verringerung der Bioverfügbarkeit zu rechnen, sie fällt bei der mikronisierten Darreichungsform mit 36% wiederum größer aus als bei der ultramikronisierten mit 17%. Die Penetration in die Hautblasenflüssigkeit entspricht der bei Einmalgabe [25]. Bezüglich weiterer Details zur Pharmakokinetik sei auf eine monographische Abhandlung verwiesen [26]. Die Abbildungen 2 bis 4 zeigen die Plasmaspiegel von Griseofulvin in den unterschiedlichen moderneren Zubereitungen nach einmaliger wie wiederholter Gabe sowie die Hautblasenflüssigkeitsspiegel nach einmaliger Gabe.

Angesichts der geschilderten Umstände erschien es sinnvoll, die Wirksamkeit von ultramikronisiertem Griseofulvin bei Anwendung höherer Dosen in der Indikation Tinea unguium zu überprüfen. Auf die Einbeziehung der Gabe von 1 Tablette ultramikronisierten Griseofulvins zu 330 mg konnte von vornherein verzichtet werden, da sich diese Dosierung am anderen Ort bereits als unzureichend erwiesen hatte (Hantschke, persönliche Mitteilung). So erhält denn im

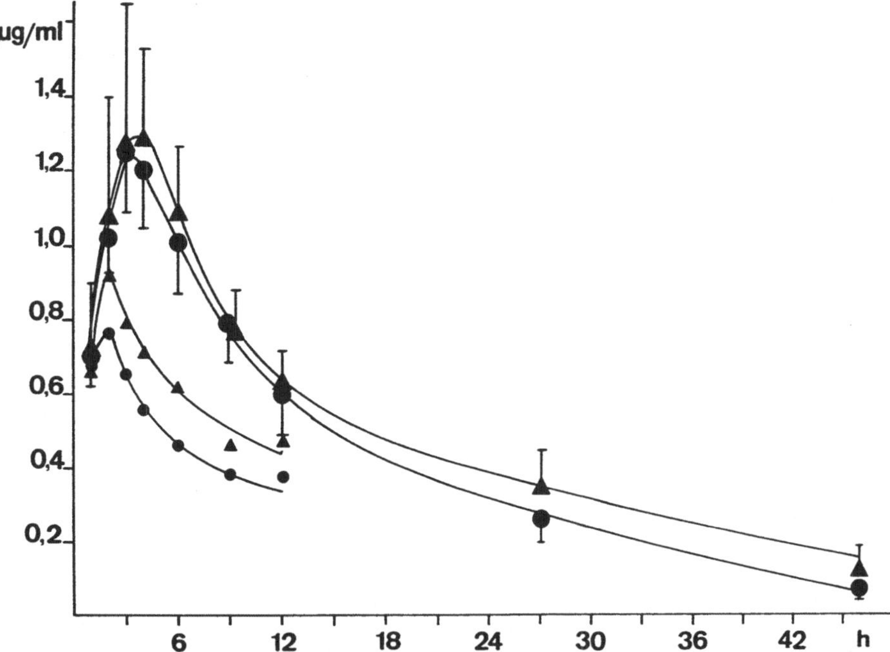

Abb. 2. Mittlere Griseofulvin-Plasmakonzentrationen nach einmaliger oraler Gabe von 330 mg ultramikronisierter Zubereitung (geschlossener Kreis) bzw. 500 mg mikronisierter Zubereitung (auf der Basis stehendes geschlossenes Dreieck) (die kleinen Symbole repräsentieren die korrespondierenden Werte für den Metaboliten 6-Demethylgriseofulvin) (aus: [26])

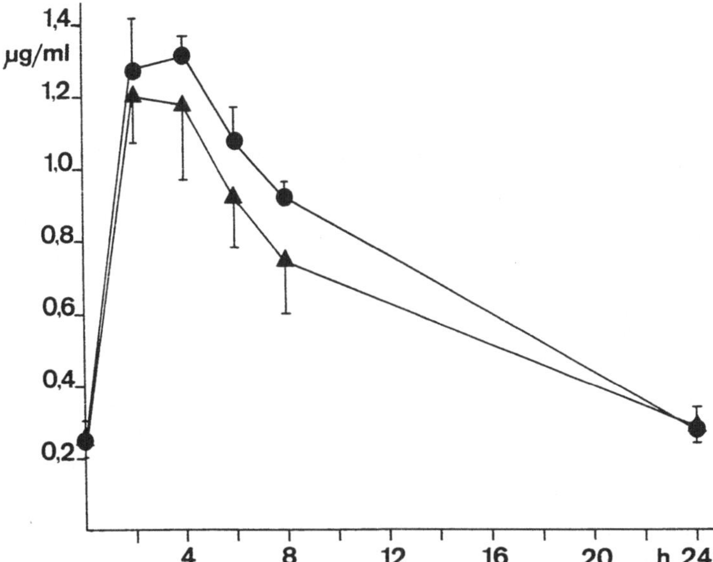

Abb. 3. Mittlere Griseofulvin-Plasmakonzentration nach wiederholter oraler Gabe von 330 mg ultramikronisierter Zubereitung (geschlossener Kreis) bzw. 500 mg mikronisierter Zubereitung (auf der Basis stehendes geschlossenes Dreieck) (aus: [26])

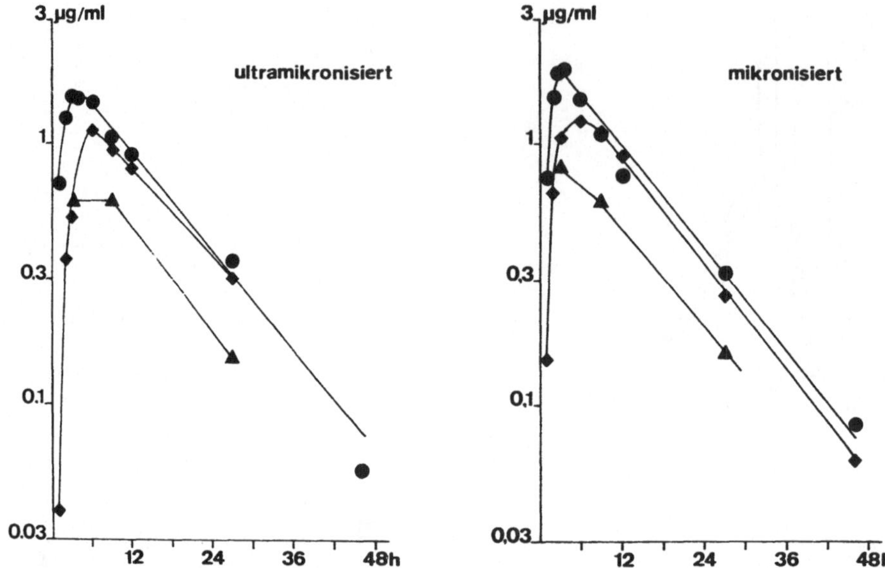

Abb. 4. Griseofulvin-Konzentrationen in Plasma (geschlossener Kreis), kutaner Saugblasen-flüssigkeit (geschlossenes Dreieck auf der Basis stehend) und Kantharidinblasenflüssigkeit (geschlossenes Viereck auf der Spitze stehend) nach einmaliger oraler Gabe von 330 mg ultra-mikronisierter bzw. 500 mg mikronisierter Zubereitung (aus: [26])

Rahmen der Münchener Onychomykose-Therapiestudie ein Teil der Patienten 660 mg ultramikronisiertes Griseofulvin pro die, eine weitere 990 mg (jeweils unaufgeteilt). Definitive Aussagen über den Erfolg lassen sich zum gegenwärtigen Zeitpunkt noch nicht machen. Immerhin scheinen aber die klinischen Veränderungen sich unter der höheren Dosis rascher zurückzubilden. Die zu vermutende stärkere Wirksamkeit geht dabei höchstens in geringem Umfang zu Lasten der Verträglichkeit, bislang mußte nur in einem einzigen Falle wegen Übelkeit die Hochdosisbehandlung aufgegeben werden [7].

Unabhängig von den neuesten Überlegungen zum optimierten Einsatz von Griseofulvin stellte sich manchen Experten die Onychomykosentherapie mit diesem Chemotherapeutikum so dar [5]: Onychomykosen der Fingernägel heilen unter oraler Griseofulvin-Therapie binnen sechs, solche der Fußnägel binnen 12 Monaten ab. Angesichts der langen Behandlungsdauer und der niedrigen Heilungsrate sollten einschlägige Infektionen der Zehennägel nicht oder doch nur ausnahmsweise mit Griseofulvin behandelt werden. Auch wenn die Situation von anderer Seite etwas günstiger eingeschätzt wurde, nicht zuletzt vor dem Hintergrund der vergleichsweise geringen Toxizität von Griseofulvin – häufiger ist mit unbedenklichen Nebenwirkungen im Sinne von Übelkeit und Kopfschmerzen zu rechnen, selten mit Lichtunverträglichkeitsreaktionen [20] –, so ist es doch gut zu verstehen, wenn die Einführung einer völlig neuen Antimykotikumklasse mit in-vitro-Aktivität gegenüber Dermatophyten zunächst wiederum überaus stürmisch begrüßt wurde.

Therapieergebnisse mit Azolantimykotika

Das erste zur oralen Behandlung sich eignende Azolantimykotikum stellte *Ketokonazol* dar. Ist es doch in vitro in etwa so wirksam wie Griseofulvin − die minimalen Hemmkonzentrationen bestimmt im Mikrodilutionstest überschreiten bei Trichophyton rubrum und Trichophyton mentagrophytes nicht 1,0 μg/ml [8] −, und sind doch nach einmaliger oraler Gabe von 200 mg Spitzenspiegel im Serum von 3,24 μg/ml, in Saugblasenflüssigkeit von 0,914 μg/ml und in Kantharidinblasenflüssigkeit von 1,047 μg/ml zu erzielen [23] − in etwa entsprechende Werte finden sich auch nach chronischer Gabe, wobei aber jeweils die hohe Plasma-Eiweiß-Bindung von Ketokonazol in Rechnung zu stellen ist [16].

In der Tat deuteten erste klinische Untersuchungen auf einen Therapiefortschritt auch in der Indikation Onychomykose hin. So konnten Robertson et al. [21] bei Patienten, denen Griseofulvin nicht hatte helfen können, in acht von neun Fällen von Onychomykosen der Finger mit Ketokonazol per os eine klinische wie mykologische Heilung bewirken, bei Onychomykosen der Zehennägel freilich nur in vier resp. drei (Kulturergebnis) von 16 Fällen; Befunde, die sich in etwa mit den Ergebnissen anderer Untersuchergruppen decken. So konnten Zaias u. Drachman [30] von neun Patienten mit Onychomykose vier mit 200 mg am Tag heilen, drei mit 400 mg am Tag, bei einem kam es zu einer Besserung, einer konnte auch mit höchsten Dosen nicht gebessert werden. Während von diesen Untersuchergruppen wesentliche Nebenwirkungen der Einnahme von Ketokonazol über längere Zeit nicht verzeichnet werden konnten, wurde bereits etwas früher in der Literatur erstmals über eine schwerwiegende Leberschädigung unter Ketokonazol-Einnahme berichtet, und zwar bei einer 35jährigen Patientin, die das Medikament wegen Tinea pedum und Onychomykose über drei Monate erhielt. Kurz nach Verdoppelung der Tagesdosis auf 400 mg beobachtete die Patientin Juckreiz, Schnupfen, Müdigkeit sowie eine Verfärbung von Stuhl und Urin. Im Serum ließen sich Leberenzyme sowie Bilirubin vermehrt nachweisen, eine Leberbiopsie wies fokale Parenchymnekrosen nach. Der Kausalzusammenhang zwischen Ketokonazol-Einnahme und Leberschädigung wurde durch Reexposition bestätigt [13]. Bereits 1982 wurden dann auch mehrere Todesfälle mit der Anwendung von Ketokonazol in Beziehung gesetzt [1]. Dies führte letztlich zu einem Verzicht auf die längerfristige Anwendung von Ketokonazol bei der Indikation Onychomykose. Bezüglich näherer Einzelheiten sei auf eine einschlägige Zusammenstellung verwiesen [15]. Die ursprünglich vom Bundesgesundheitsamt für die Medikation Onychomykose erteilte Zulassung ist denn zwischenzeitlich auch wieder erloschen.

Ein weiteres Azol, das sich zur oralen Gabe eignet, steht inzwischen in Form des Triazols *Itrakonazol* zur Verfügung. Im Rahmen einer orientierenden Pilotstudie konnte die Wirksamkeit der täglichen einmaligen Gabe von 100 mg Itrakonazol auch bei Zehennagelmykosen gezeigt werden, die drei- bis sechsmonatige Anwendung reicht allerdings nicht zu einer Ausheilung hin [10]. Ersten Erfahrungen im Rahmen der Münchener Onychomykose-Therapiestudie zufolge ist Itrakonazol in der genannten Dosis als wenigstens genau so wirksam wie Griseofulvin in einer Tagesdosis von 990 mg (ultramikronisierte Zubereitung) anzusehen [7]. Wesentliche Nebenwirkungen waren unter der Einnahme von Itrakonazol über längere Zeit bis jetzt innerhalb dieser Studie nicht zu verzeichnen, insbesondere auch nicht die unter längerer Einnahme von Ketokonazol in einem Teil der Fälle zu beobachtenden Transaminasenanstiege im Serum. Die endgültige Bewertung von Itrakonazol in der Indikation Onychomykose steht aber noch aus.

Wägt man die Vor- und Nachteile der oralen und der topischen Behandlung von Dermatophytosen gegeneinander ab, so spricht für die erstere Modalität die bessere Wirksamkeit, die bessere Compliance der Patienten und die unter Umständen größere Wirtschaftlichkeit, gegen sie sprechen Toxizität, Entwicklung resistenter Stämme, Interaktionen mit anderen Arzneimitteln und die mit Zeit- und Geldaufwand verbundene Notwendigkeit der regelmäßigen Überwachung der Patienten [6]. Legt man den Akzent auf die Wirksamkeit der Behandlung, so wird man sich heute im Regelfall für die systemische Therapie der Onychomykose entscheiden müssen.

Nachdem mit einer Spontanheilung von Nagelpilzerkrankungen nur bei der seltenen Variante der Leukonychia trichophytica zu rechnen ist [12], wird somit das besondere Interesse sich auf die Gabe von Itrakonazol zu richten haben. Dieses Medikament ist derzeit freilich nur im Rahmen der klinischen Prüfung verfügbar, woran sich kurzfristig nichts ändern wird. Die wesentliche Alternative hierzu besteht in einer hochdosierten Gabe von ultramikronisiertem Griseofulvin. Zusammenfassend könnte man somit die Situation wie folgt beschreiben: Bis Ende der 50er Jahre stellte die Onychomykose zumindest der Fußnägel eine prinzipiell unheilbare Erkrankung dar, nach einer 30jährigen Übergangsphase zeichnet sich heute ab, daß die Onychomykose prinzipiell heilbar ist.

Zusammenfassung

Nachdem über Jahrzehnte hinweg die Möglichkeiten zur Behandlung der Onychomykose als unbefriedigend empfunden worden waren, schien die Einführung des peroral zu applizierenden Chemotherapeutikums Griseofulvin Ende der 50er Jahre einen wesentlichen Fortschritt darzustellen. Angesichts des engen Wirkungsspektrums von Griseofulvin galt dies speziell für durch Dermatophyten bedingte Onychomykosen, worin aber kein so wesentlicher Nachteil erblickt wurde, da Onychomykosen durch andere Pilze zahlenmäßig ja in den Hintergrund treten. Im Rahmen der breiten klinischen Evaluierung des neuen Chemotherapeutikums ließ sich dann feststellen, daß dieses in der Tat Onychomykosen an den Händen wie Füßen zu heilen vermag. Dies galt freilich nur für einen Teil der Erkrankungsfälle, speziell bei den Onychomykosen der Zehen für eine Minderheit. Zur Verbesserung der Heilungsraten wurden zum einen zusätzliche örtliche Behandlungsmaßnahmen in Betracht gezogen. Hierzu gehört in Sonderheit die chirurgische oder aber auch chemische Ablösung der befallenen Nagelplatte. Hierdurch konnte die Heilungsrate mit frühen Griseofulvin-Präparationen wesentlich verbessert werden. Ein anderer Ansatz bestand in der pharmazeutischen Weiterentwicklung von Griseofulvin selbst, brachte man die unbefriedigenden Therapieergebnisse doch mit mangelnder Resorption resp. Bioverfügbarkeit in Zusammenhang. So wurden denn eine mikronisierte und schließlich eine ultramikronisierte Form von Griseofulvin entwickelt, was die pharmakokinetischen

Eigenschaften wesentlich verbesserte. Eine weitere Erhöhung der Heilungsraten mit Griseofulvin ist derzeit vor allem von einer Erhöhung der Dosis auch, und gerade der neuesten Griseofulvin-Präparationen zu erwarten, nachdem die prinzipielle Abhängigkeit zwischen Therapieerfolg und Höhe der Serumspiegel wahrscheinlich gemacht werden konnte und die Wirkspiegel in der Haut auch heute noch sich nur in der Größenordnung der minimalen Hemmkonzentration der ursächlichen Dermatophyten bewegen. Eine therapeutische Alternative zu Griseofulvin stellen heute die diejenigen Azol- Antimykotika dar, welche peroral eingesetzt werden können. Der erste Vertreter, Ketokonazol, kann als in etwa ebenso wirksam wie Griseofulvin in herkömmlicher Dosierung angesehen werden. Angesichts seltener, schwerer Nebenwirkungen wird die Onychomykose heute aber bereits nicht mehr als Indikation für Ketokonazol angesehen. Möglicherweise vermag das neu entwickelte Itrakonazol, anders als Ketokonazol ein Triazol, die entstandene Lücke zu schließen.

Danksagung. Den Verlagen MTP Press, Lancaster, und Schattauer, Stuttgart, sei für die Genehmigung der Wiedergabe von Abb. 1 resp. 2 bis 4 gedankt.

Literatur

1. Anonymous (1982) Hepatotoxic potential of Ketoconazole under investigation. FDA Drug Bull, August, p 11
2. Artis WM, Odle BM, Jones HE (1981) Griseofulvin-resistant dermatophytosis correlates with in vitro resistance. Arch Dermatol 117:16
3. Blank H, Roth JF Jr (1959) The treatment of dermatomycoses with orally administered Griseofulvin. Arch Dermatol 79:259
4. Dillaha CJ, Jansen GT (1960) Dosage requirements of Griseofulvin in onychomycosis due to Trichophyton rubrum. I. Preliminary report. Arch Dermatol 81:790
5. Faergemann J, Maibach H (1983) Griseofulvin and Ketoconazole in dermatology. Sem Dermatol 2:262
6. Fredriksson T (1984) The pros and cons of an oral treatment of dermatomycosis. Dermatologica 169 [Suppl I]:67
7. Georgii A, Korting HC, Schäfer-Korting M (1988) Die Münchner Onychomykose-Therapie-Studie: Rationale, Aufbau, erste Ergebnisse. Vortrag bei der 22. Wissenschaftlichen Tagung der Deutschsprachigen Mykologischen Gesellschaft, Baden bei Wien, 08.–10. 09. 1988
8. Granade TC, Artis WM (1980) Antimycotic sensitivity testing of dermatophytes in microcultures using a standardized mycelial inoculum. Antimicrob Agents Chemother 17:725
9. Hagermark O, Berlin A, Wallin I, Boréus L (1976) Plasma concentration of Griseofulvin in healthy volunteers and out-patients treated for onychomycosis. Acta Derm Venereol (Stockh) 56:289
10. Hanifin JM, Tofte SJ (1988) Itraconazole therapy for recalcitrant dermatophyte infections. J Am Acad Dermatol 18:1077
11. Hargreaves GK (1960) The treatment of onychomycosis with Griseofulvin. Br J Dermatol 72:358
12. Hay RJ (1986) Chronic dermatophyte infections. In: Verbov JL (ed) Superficial fungal infection. MTP Press, Lancaster, p 21
13. Heyberg JK, Svejgaard E (1981) Toxic hepatitis during Ketoconazole treatment. Br Med J 283:825
14. Kaden R (1965) Klinische und mykologische Nachuntersuchungen Griseofulvin-behandelter Onychomykosen. Mycopath Mycol 25:351
15. Korting HC (1983) Ketokonazol und Leber. Hautarzt 34:193 (Leseranfrage)

16. Korting HC, Lukacs A, Schäfer-Korting M, Heykants J, Behrendt H (1989) Skin blister fluid levels of Ketoconazole during repetetive administration in healthy man. Mycoses 32:37
17. Kruspel W (1964) Zum gegenwärtigen Stand der Onychomykose-Therapie mit Griseofulvin. Wien Med Wochenschr 114:576
18. Nolting S (1984) Non-traumatic removal of the nail and simultaneous treatment of onychomycoses. Dermatologica 169 [Suppl I]:117
19. Polemann G (1962) Zur Diagnostik und Therapie der Onychomykosen. Med Klin 57:543
20. Roberts DT, Tuyp E (1985) Onychomycosis. Sem Dermatol 4:222
21. Robertson MH, Rich P, Parker F, Hanifin JM (1982) Ketoconazole in Griseofulvin-resistant dermatophytosis. J Am Acad Dermatol 6:224
22. Russell B, Frain-Bell W, Stevenson CJ, Riddell RW, Djavahiszwili N, Morrison SL (1960) Chronic ringworm infection of the skin and nails treated with Griseofulvin. Lancet i:1140
23. Schäfer-Korting M, Korting HC, Dorn M, Mutschler E (1984) Ketoconazole concentrations in human skin blister fluid and plasma. Int J Clin Pharmacol Ther Toxicol 22:371
24. Schäfer-Korting M, Korting HC, Mutschler E (1985) Human plasma and skin blister fluid levels of Griseofulvin following a single oral dose. Eur J Clin Pharmacol 29:109
25. Schäfer-Korting M, Korting HC, Mutschler E (1985) Human plasma and skin blister fluid levels of Griseofulvin after its repeated administration. Eur J Clin Pharmacol 29:351
26. Schäfer-Korting M, Korting HC, Mutschler E (1985) Pharmakokinetik oraler Antimykotika. Schattauer, Stuttgart
27. Stevenson CJ, Djanavahiszwili N (1961) Chronic ringworm of the nails. Long-term treatment with Griseofulvin. Lancet i:373
28. Williams DI, Marten RH, Sarkany I (1958) Oral treatment of ringworm with Griseofulvin. Lancet ii:1212
29. Zaias N (1980) The nail in health and disease. MTP Press, Lancaster, p 91
30. Zaias N, Drachman D (1983) A method for the determination of drug effectiveness in onychomycosis. Trials with Ketoconazole and Griseofulvin ultramicro-size. J Am Acad Dermatol 9:912

Möglichkeiten und Grenzen in der Dokumentation der Onychomykose während der Therapie

D. Reinel

Einleitung

Die meisten Patienten gelangen erst in einem fortgeschrittenen Stadium der Onychomykose zum Facharzt [8]. Dies bedeutet, daß zum Zeitpunkt des Therapiebeginns große Teile der Nagelplatten mykotisch verändert sind [2]. Völlig unabhängig von der gewählten Therapieform dauert es sehr lange bis der endgültige Therapieerfolg gesichert ist. Eigentlich ist dies erst dann der Fall, wenn der Patient wieder eine völlig pilzfreie und klinisch möglichst unauffällige Nagelplatte besitzt [7]. Daß die klinische Erscheinungsfreiheit nur in den Fällen erreichbar ist, in denen zur Mykose keine gravierenden lokalen Faktoren hinzukommen, liegt auf der Hand. Schon bei normalem Fußnagelwachstum von ca. 1 mm/Monat dauert es ca. 12 Monate, bis eine völlig von Pilzen veränderte Nagelplatte gesund auswächst. Bei vielen Patienten mit Onychomykose ist das Nagelwachstum aber verlangsamt [9]. Dies ist durch verschiedene lokale Faktoren bedingt, die ursprünglich das Angehen der Pilzinfektion auch begünstigten [3, 5, 7]. In diesen Fällen ist der Zeitraum zwischen Therapiebeginn und Erreichen des Therapiezieles oft noch wesentlich länger als das eben erwähnte Jahr.

Bei solch langen Zeiträumen ist es sehr wichtig, daß der Arzt bei von ihm individuell zu wählenden Zwischenvorstellungen des Patienten in der Lage ist, den Fortschritt der Therapie zu sichern. Dies dient einerseits zur ärztlichen Absicherung, daß das eingeschlagene Therapieverfahren sinnvoll ist und andererseits zur Verbesserung der mit wachsendem Therapiezeitraum stets nachlassenden Compliance seines Patienten [4]. Sinnvoll in einer Therapieplanung ist es also, den Patienten in regelmäßigen Abständen während des langen Therapiezeitraumes wiederzusehen und dann zu versuchen, den jeweiligen therapeutischen Fortschritt zu dokumentieren.

Die Art der Dokumentation darf zeitlich und apparativ für den behandelnden Arzt nicht zu aufwendig sein, sie muß aber genau genug sein, um die erreichten Verbesserungen sichtbar zu machen oder eben den Mißerfolg aufzuzeigen [6]. Nur bei einer Nagelextraktion würde es in der Folge ausreichen, wenn man die Länge der nachwachsenden Nagelplatte jeweils vom proximalen Nagelfalz (PNF) bis zum freien Rande messen würde. Leider zeigt die therapeutische Erfahrung, daß auch bei einer Nagelextraktion und nachfolgender adjuvanter antimykotischer Therapie die nachwachsende Nagelplatte meist nicht lange klinisch erscheinungsfrei bleibt.

Die einfache meßtechnische Dokumentation kann also nicht befriedigen.

S. Nolting, H. C. Korting (Hrsg.)
Onychomykosen
© Springer-Verlag Berlin Heidelberg 1989

Fotographische Dokumentation

Bessere Dokumentationsmöglichkeiten bietet ohne Zweifel die fotographische Darstellung und hierbei natürlich die Nahaufnahme mehr als eine Übersichtsaufnahme [1]. Eine Fotodokumentation mittels Nahaufnahme vermittelt immer dann einen deutlich dokumentierten Unterschied zwischen zwei klinischen Zuständen, wenn der Zeitabstand zwischen den einzelnen Aufnahmen lang ist (Abb. 1a, b). Bei Onychomykosen empfiehlt sich ein Zeitabstand von ca. 3 Monaten zwischen 2 fotographischen Aufnahmen. Durch die Wahl eines Rasters aus Millimeterpapier im Hintergrund besteht die Möglichkeit, den Therapiefortschritt gleichzeitig in Millimetern zu schätzen (Abb. 2). Es kann an dieser Stelle aber nicht verschwiegen werden, daß es fototechnisch sehr schwierig ist, bei Nahaufnahmen Nageloberfläche und Hintergrund gleichmäßig scharf einzustellen. Wesentlich leichter ist es, zusätzlich zur normalen Fotodokumentation mittels Nahaufnahme den jeweils erzielten Fortschritt durch Messung der Strecke zwischen PNF und der am meisten proximal gelegenen mykotisch veränderten Nagelstelle zu messen. In dieser Hinsicht ist es sehr interessant, wenn man eine Kerbe parallel zum PNF bei Therapiebeginn in den Nagel feilt und die Kerbe später immer wieder aufsucht. Bei einem therapeutischen Mißerfolg sieht man an der Kerbe, daß die Nagelplatte bereits einmal total nachgewachsen ist, während die mykotisch veränderte Nagelfläche sich nicht wesentlich geändert hat.

In den Abb. 3a und b ist anhand der Kerbe festzustellen, daß die klinische Besserung nicht mit dem Nagelwachstum Schritt hält. Gleichzeitig sieht man aber in der fotographischen Nahaufnahmetechnik eine deutlichere Grenze zwischen krankem und gesundem Nagelanteil, ein Phänomen, das klinisch oft einen beginnenden Therapieerfolg anzeigt, obwohl dieser natürlich hier verspätet eingetreten ist.

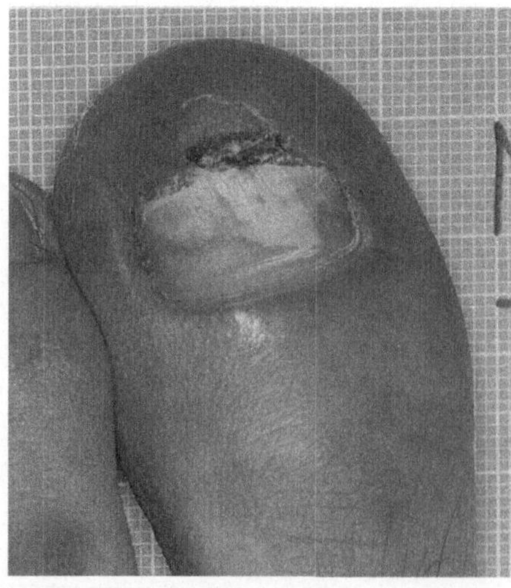 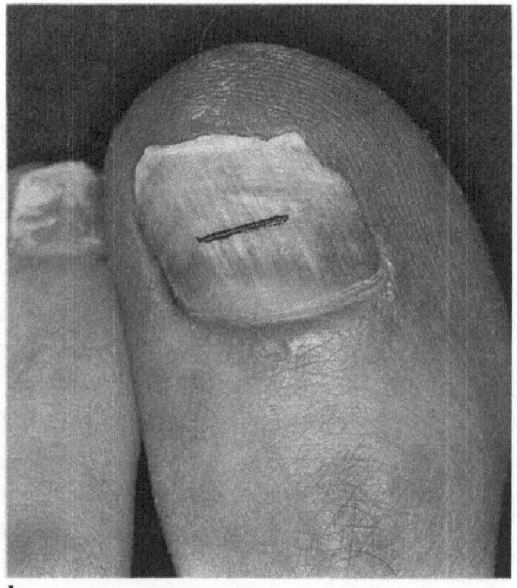

a   **b**

Abb. 1a, b. Onychomykose am li. Großzehnagel. **b** Gleicher Nagel 3 Monate später (systemische Therapie)

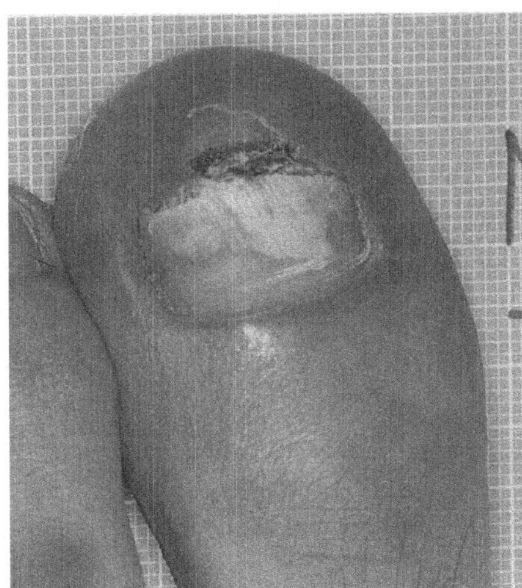

Abb. 2. Durch das Unterlegen eines Rasters aus Millimeterpapier läßt sich die befallene Nagelfläche in etwa abschätzen. Die schwarze Markierung parallel zum PF N dient der späteren Nagelwachstumskontrolle

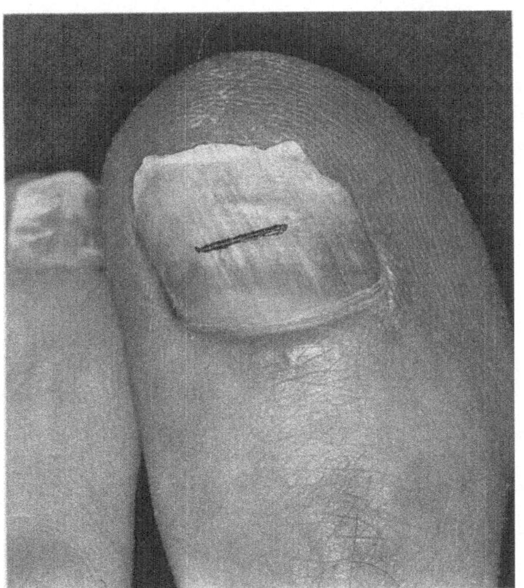

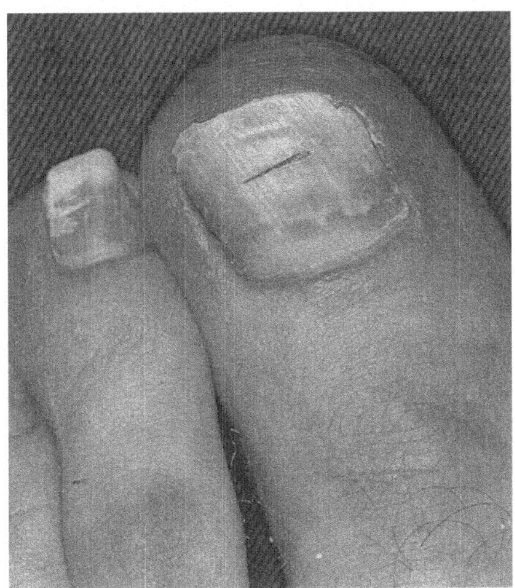

Abb. 3a, b. a Befallener Großzehennagel mit Markierung vor Therapiebeginn. **b** Gleicher Nagel 8 Wochen später. Kein meßbarer klinischer Erfolg, jedoch deutlich schärfere Grenze zwischen krankem und gesundem Nagelanteil. (Systemische Therapie)

Die fotographische Dokumentation des Nagels bietet sicherlich die besten Möglichkeiten, um den Therapieverlauf sichtbar und reproduzierbar zu dokumentieren [1]. Leider ist die Fotodokumentation mit einem ganz erheblichen zeitlichen und apparativen Aufwand belastet und kann normalerweise weder in der Klinik noch in der Praxis als Routinedokumentation dienen.

Weitere Dokumentationsverfahren

In den Abb. 4a und b wird deshalb ein wesentlich leichter durchzuführendes Verfahren demonstriert: Abb. 4b zeigt eine Abzeichnung der Nagelplatte des Patienten, die durch Auflegen von Tesafilm und Durchzeichnen der klinischen Veränderung mit einem wasserfesten Filzschreiber erreicht wurde. Leider ist das gezeichnete Bild bei einem normalen Tesafilm wieder abwischbar, so daß es mit der Zeit deutlich verblaßt. Beim sogenannten Tesafilm-Kristallklar ist dies nicht der Fall, hier ist das gemalte Bild nicht wieder abzureiben. Einziger Nachteil dieses Tesafilms ist seine Breite, man erhält ihn nur bis zu einer maximalen Breite von 1,8 cm und diese reicht normalerweise zur Dokumentation am Zehennagel nicht aus.

Deshalb wird empfohlen, Tesa-Kristallklar immer dann zu benutzen, wenn dessen Maximalbreite ausreicht. Bei darüber hinausgehenden Nagellängen sollte man den normalen und bis zu 2,5 cm breiten Tesafilm verwenden. Damit die angelegte Dokumentation nicht im Laufe der Zeit abgewischt wird, kann man alle so erhaltenen Präparate einfach auf weißes Papier aufkleben und den dadurch entstehenden Befundbogen in einem Ordner aufheben (ebensogut lassen sich diese Tesafilmzeichnungen in Karteikarten einkleben). Auf diese Weise hat man keinerlei Probleme bei der Archivierung der Befunde [6]. Zusätzlich dient das Nebeneinander-Aufkleben der besseren Übersicht über den klinischen Verlauf während der Therapie.

Häufig führt die Therapie von Onychomykosen nur zu klinischen Teilerfolgen. Z.B. ist bei einer Zehenfehlstellung und dadurch entstehendem seitlichen Schuhdruck eine klinisch gesund nachwachsende Nagelplatte an der betroffenen Seite sicher nicht möglich.

Zusammenfassend bleibt festzustellen, daß es aus mykologischer Sicht zwar ganz sicher nicht richtig ist, den Therapieerfolg einer antimykotischen Therapie nur an den Besserungen der befallenen Nagelplatten zu messen, daß aber die Beobachtung von klinisch veränderten Nagelanteilen dennoch ein guter Para-

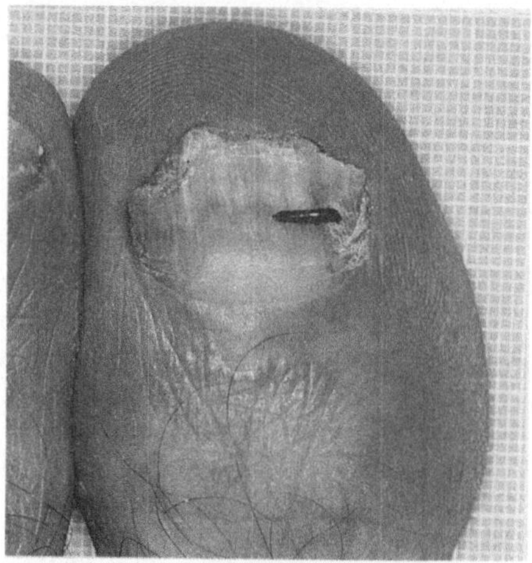

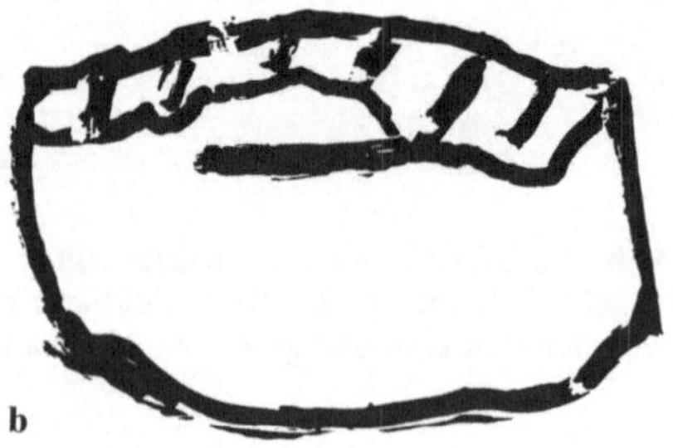

a

b

Abb. 4a, b. a Nahaufnahme eines befallenen Nagels vor Therapiebeginn. **b** Abzeichnung des befallenen Nagels mittels Tesafilm und wasserfestem Schreiber

Photos: M. Quast, Bundeswehrkrankenhaus, Hamburg

meter dafür ist, den Erfolg der eingeschlagenen Therapiemaßnahmen zu beobachten.

Sicher gibt es viele Möglichkeiten, um die klinischen Veränderungen während der Therapie zu dokumentieren. Je nach dem zeitlichen Aufwand, den sich der behandelnde Arzt in dieser Hinsicht zumutet, wird der Erfolg der Dokumentation natürlich unterschiedlich ausfallen. Ich glaube, daß die von mir propagierte Zeichentechnik im Vergleich zum benötigten zeitlichen und apparativen Aufwand gut reproduzierbare Ergebnisse bringt.

Das Verfahren ist aber in der täglichen Praxis immer noch so aufwendig, daß man es beim üblichen Befall von mehreren Nägeln immer nur für den am stärksten befallenen Nagel anwenden kann. Trotz der großen individuellen Streubreite ist zur Dokumentation des Befalls vieler Nägel ganz sicherlich das Abschätzen der prozentual befallenen Nagelflächen ein taugliches Dokumentationsverfahren.

Literatur

1. Bahmer FA, Rohrer C (1988) Dermatologische Makrofotografie nach Bahmer und Rohrer: Methodik und Möglichkeiten. Photomed 1:27
2. Grigoriu D, Delacrétaz J, Borelli D (1984) Dermatophytosen der Nägel. In: Lehrbuch der medizinischen Mykologie. Huber, Bern Stuttgart Wien, S 127
3. Lestschenko WM, Fedotow WP (1982) Defizit der Immunsysteme als eine der Ursachen der von Dermatophyten verursachten Onychomykose. Mykosen 25:237
4. Meinhof W, Girardi RM, Stracke A (1985) Patient non compliance in dermatomycosis. Dermatologica 169:57
5. Nolting S, Fegeler K (1982) Onychomykose – Nagelmykose. In: Medizinische Mykologie. Springer, Berlin Heidelberg New York, S 48
6. Reinel D (1987) Zur Therapie der Onychomykosen. Mykologische Diagnostik und Befunddokumentation vor und während der Therapie. Vortrag bei der 21. wissenschaftlichen Tagung der Deutschsprachigen Mykologischen Gesellschaft Münster 17.–20. September
7. Rieth H (1988) Nageldystrophie mit Pilzbefall. In: Mykosen – Typische Fälle. notamed Melsungen, S 36
8. Samman PD (1968) Nagelmykosen (Tinea unguium). In: Nagelerkrankungen. Springer, Berlin Heidelberg New York, S 27
9. Zaias N, Nolting S (1982) Nagelwachstum. In: Atlas der Nagelerkrankungen. Pharmazeutische Verlagsgesellschaft München S 18

Keratinolytische Substanzen in der Dermatologie

G. Stüttgen

Keratin ist ein wesentlicher Bestandteil der Hornlamellen, die im Verbund mit den Interzellularsubstanzen in der Haut die Hornschicht mit der Barrierefunktion bilden und den Nägeln und Haaren die physikalischen Eigenschaften geben.

Die Stabilisation der Hornzellen ist einmal durch deren innere Struktur mit Keratinfibrillen, die in eine Matrix eingelassen sind, gewährleistet. Dazu kommt die umhüllende Zellmembran. Die desmosomalen Kontaktzonen zwischen den unteren Hornzellen der Hornschicht und schließlich die die Hornzellen umhüllenden interzellulären Lipidschichten sind Elemente, die primär mehr mit der Funktion der Hornschicht als ganzes im Sinne einer funktionellen Einheit verbunden sind.

Die kolumnäre Struktur von Keratinozyten der Epidermis bis hinauf zu der Anlage der Hornzellen verdeutlicht das Prinzip einer Keratinozyten/Hornzelleneinheit.

Aufbau des Stratum corneum

Das gegenwärtige Konzept des Stratum corneum als ein Zweikompartimenten-System beruht auf der Tatsache, daß ähnlich wie bei einer Ziegelmauer die Hornzellen in eine verbindende interzelluläre Masse eingefügt sind, die in ihrer Struktur und im chemischen Aufbau unterschiedlich sind. Leitkörper der Interzellularsubstanz sind lamellär aufgebaute Lipidschichten, die sich aus den Sekretionsprodukten von Lamellar Bodies (Odland bodies) ableiten lassen. Demgegenüber sind Leitkörper der lipidarmen Hornlamellen die Keratinmakromoleküle, die sich intrazellulär aus einer Kooperation von Keratinfilamenten mit dem histidinreichen Protein (Filaggrin) gebildet haben [2, 6, 11].

Die **Synthese von Keratinfilamenten** beginnt bereits innerhalb der unteren epidermalen Schichten. Es entwickelt sich dabei ein dreidimensionales Keratinnetz, das sich auf dem Wege zum Stratum granulosum verdichtet, verdickt und schließlich in der Hornlamelle eine Struktur darstellt, die Elastizität und Barriereeigenschaften vermittelt. Die fibrillären Keratinfilamente sind 6,5 nm dick und 60 bis 90 nm lang, bestehen aus drei umeinandergewundenen, in sich verdrillten Strängen, die sich aus jeweils unterschiedlichen Polypeptidketten geformt haben. Diese Anordnung wird in bestimmten Abständen durch knäuelartige Formationen unterbrochen, ohne daß die Kontinuität der einzelnen Filamente dabei aufgehoben wird (Abb. 1).

S. Nolting, H. C. Korting (Hrsg.)
Onychomykosen
© Springer-Verlag Berlin Heidelberg 1989

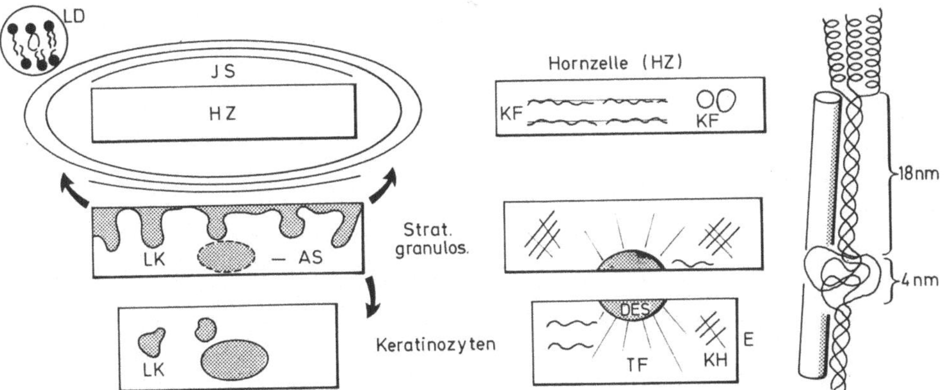

Abb. 1. Entwicklung der Hornschichtkompartimente getrennt nacht Interzellularsubstanzen und Keratinbildung (= Interzellularsubstanz, HZ = Hornzelle, LD = Lipid-Doppelschicht, LK = Lamellarkörper, AS = Aminosäuren, KF = Keratinmakrofibrille, KH = Keratohyalin, TF = Ionofilamente, DES = Desmosom, E = Zellumhüllung [Envelop])

Je höher der Cystingehalt, der in den Nägeln z.B. bis zu 22% liegt, um so härter ist die Struktur, die in Haut und Haar mit 14% für die Festigkeit ausreichend ist. Sulfhydrilgruppen sind Marker für die unterschiedlichen Keratine mit entsprechender Verformbarkeit. Die die Hornlamellen durchziehenden, auf die Desmosomen ausgerichteten Keratinbündel stellen ein physikalisches Verbundsystem dar, das sich in den benachbarten Keratinozyten weiter fortsetzt. Stofflich haben die Keratinfilamente (Tonofilamente) im Bereich der Desmosomen als Haftpunkte zwischen den einzelnen Keratinozyten ihr Ende erreicht.

Bei den **interzellulären Substanzen** handelt es sich um Abkömmlinge der Lamellarkörperchen, die reich an Glykolipiden und nicht esterifizierten Sterolen sind. Hinzu kommen weitere Sekretionsprodukte, die sich im Zuge des Keratinisierungsprozesses zu neutralen Lipiden umwandeln, die innerhalb der interzellulären Domänen im Bereiche der Hornschicht Lipiddoppelschichten darstellen. Glykolipide und Ceramide machen 25−40% dieser Interzellulärsubstanz aus. Cholesterylsulfat ist als Modulator der Kohäsion und damit der Mauserung des Stratum corneum von besonderer Wichtigkeit und ein Marker für verschiedene Verhornungsstörungen vom Typ der Ichthyosis [2].

Ungesättigte Fettsäuren, wie die Linolensäure, haben im Rahmen der **Barrierefunktion** eine besondere Aufgabe [3].

Die Nennung dieser Fettkörper im Interzellularraum ist deswegen unumgänglich, weil bei dem Vorgang der Minderung der Barrierefunktion durch Lösungsmittel und dadurch erzwungene Veränderung der Lipidkomposition die Charakteristik der Interzellularsubstanz gestört wird, die sich sowohl im Hinblick auf Permeation als auch auf Reservoirkapazität innerhalb der Hornschicht auswirkt. Ein Zusammenhang mit dem Thema Keratinolytika ist dadurch gegeben, daß solche Lösungsmittel (DMSO) in der Lage sind, in Abhängigkeit von der Konzentration die Struktur der Keratinkörper sowohl was Filamente als auch Makroglobuline anbetrifft, zu verändern. Auf die Definition des Begriffes Keratinolytika muß hier bereits aufmerksam gemacht werden.

In Abhängigkeit von der Festigkeit der Hornschicht, wie z.B. im Hinblick auf den lockeren Aufbau der zur Desquamation bereiten peripheren Hornlamellen, ergibt sich eine besondere Empfänglichkeit für Infektionen bzw. das Wachstum saprophytärer Erreger.

Aufbau des menschlichen Nagels

Beim menschlichen *Nagel* liegt eine Schichtung der Hornlamellen im freien Nagelanteil in der Form vor, daß ein Dorsalnagel, ein Intermediärnagel und schließlich ein Zentralnagel im histologischen Feinbau zu unterscheiden sind (Abb. 2). Das hyponychiale Keratin des Zentralnagels besteht aus polyedrischen lockeren und unregelmäßig gelagerten kernlosen Zellen. Diese Situation entspricht in etwa der der sich in Desquamation befindlichen oberen Schichten der Hornschicht. Auch die lockeren Schichten beim Nagel werden wie an der Haut beim Pilzbefall bevorzugt, insbesondere weil die Chance vorliegt, daß diese Erreger von der umgebenden Haut direkt in die benachbarte Schicht einwandern. Im freien Teil des Nagels haftet an der Unterseite eine Schicht fest an, die ein Differenzierungsprodukt des Hyponychiums darstellt und bei manchen krankhaften Prozessen hypertrophieren kann [12]. Der Prozeß der Keratinisation über das Stratum granulosum, wie er an der Haut sich darstellt, wird bei der Nagelbildung durch den Prozeß der Onychisation ersetzt, der sich aus den funktionell unterschiedlichen Aufgaben der Hornschicht der Haut und des Nagelkeratins ableiten läßt.

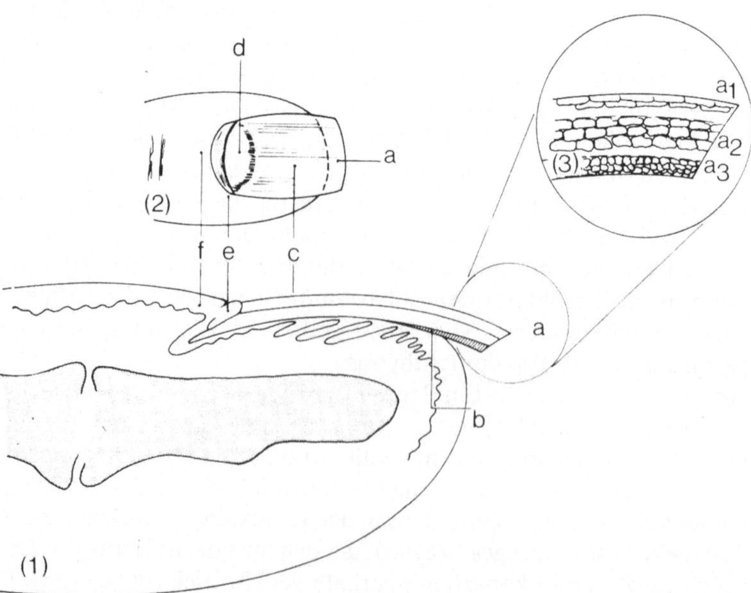

Abb. 2. Bestandteile des Fingerendorgans und ihre Benennung. (1) Längsschnitt durch Fingerendglied und Fingernagel. (2) Fingerspitze von dorsal. (3) Schichtung der Zellen im freien Nagelanteil; a = freier Nagelrand: a_1 = Dorsalnagel, a_2 = Intermediärnagel, a_3 = Ventralnagel (hyponychiales Keratin); b = Hyponychium; c = Nagelplatte; d = Lunula; e = Kutikula; f = dorsaler Nagelfalz

Keratinbildung beim Haar

Die Produktion der Keratinvorstufen beim *Haar* beginnt in der oberen Haarzwiebel. Weiter distal werden die submikroskopischen Filamente zahlreicher, und es tritt dann die mikroskopisch sichtbare Keratin-Fibrillenbildung in den höheren Abschnitten ein. Die keratogene Zone hat eine hohe Konzentration von schwefelhaltigen Aminosäuren und von zytoplasmatischen Fibrillen vom Typ des Alpha-Keratins.

Die im Begriff der Keratinolyse häufig gleichartig genannten Substanzen fordern eine nähere Analyse, die im Hinblick auf die Angriffspunkte für unterschiedliche Elemente in der Keratinbildung und im Hinblick auf die Interzellularsubstanz im Verbund mit Hornzellen einer näheren Bestimmung bedürfen.

Keratinolytika und Keratinoplastika

Keratinolytika im eigentlichen Sinne sind nur die in der Tabelle angegebenen Substanzen, die sich in die quervernetzen Disulfidbrücken des Keratins einlagern [13]. Durch deren Sprengung wird die Vernetzung des Keratins aufgehoben und eine Auflösung der Proteinstruktur auf molekularer Ebene erreicht. Demgegenüber wirken die *Keratinoplastika* mehr auf die in ihrer Struktur unterschiedlichen Kittsubstanzen zwischen den einzelnen Keratinsträngen. Chemisch werden hydrophobe Bindungen, wie parallele Anlagerung von Kettenmolekülen und Ausbildung von adhäsiven Bindungen über längere Molekülstrecken aufgehoben, indem sich nun diese Substanzen intermolekular einschieben. In diese Wirkstoffgruppe gehören vor allem Harnstoff, Salizylsäure und Resorzin (Tabelle 1). Diese Keratinoplastika sind damit von den Keratinolytika zu trennen. Beiden Substanz-

Tabelle 1. Aus [13]

Substanz	Wirkung

Thioglykolsäure
  Alkalisulfide
  Erdalkalisulfide
	Keratolytisch

Salicylsäure	Keratoplastisch Hornlamelle bleibt unverändert

Harnstoff	Keratoplastisch
	  Desquamation,
	  Hydrolysierung des Hornlamellenverbandes,
	  Membranen bleiben intakt

Resorcin	Keratoplastisch

Tretinoin
  (Vit. A.-Säure)
	Hornschichtverdünnung
	  austrocknend

Benzoylperoxid	Keratoplastisch Einwirkung auf Lipidfraktion

gruppen ist gemeinsam, daß sie die Penetration von Medikamenten und Fremd-
stoffen in und durch die Haut sowie Nägel erleichtern können. Das Erzwingen
einer Permeation von Antimykotika durch Veränderungen der Hornstruktur
hängt von den jeweiligen chemischen Daten der Antimykotika ab. Quellungen
des Keratins, das sich sowohl auf dem Hornlamellenkörper als auch auf die Interzellularsubstanz zumindest räumlich auswirkt, hat unterschiedliche Auswirkung
auf die Penetration und Bindungskapazität von extern angebotenen Substanzen
[8].

Nicht eingebunden in den Begriff der Keratinolytika und Keratinoplastika ist
Dimethylsulfoxyd (DMSO), das im allgemeinen als Akzelerator der Permeation
gilt und besonders für die Permeationsverhältnisse am Nagel Beachtung gefunden
hat. Hohe Konzentrationen um 80% bei Entwicklung eines Konzentrationsgra-
dienten zeigen deutlich den Lösungsmittelcharakter des DMSO, das die Hornschicht durchdringt und dabei einer Substanz, die gleichzeitig mit inkorporiert
wird, eine verbesserte Penetrationsmöglichkeit gibt [1]. DMSO ist in der Lage,
einen hohen Anteil an polaren Lipiden, Lipoproteinen und auch Nukleoproteinen
nicht nur allein aus dem Interzellularraum sondern auch aus der Zelle, sei es Kera-
tinozyt, sei es Hornlamelle, zu lösen. Wichtig ist dabei, daß auch in der angegebenen Konzentration das intrazelluläre Material der Hornzellen ohne Auflösung der
strukturumhüllenden Membran eluiert wird. Eine Lyse der Hornzellmembran
wird nur durch Natrium-Thioglykolat-Substanzen erreicht [5]. Nach Einwirkun-
gen von DMSO auf die Hornschicht in Abhängigkeit von der Konzentration zeigt
sich eine Schwellung und auch eine intrazelluläre Delaminisation der Keratin-
strukturen, die dadurch erreicht wird, daß sich eine Änderung der helikalen
Struktur der Makromoleküle des Keratins über eine intermolekulare Anlagerung
von Wasser einstellt (Abb. 3). Der Zerfall des DMSO wird durch den Kontakt mit
der Gewebeflüssigkeit intensiviert. Dabei gehen die Löslichkeitscharakteristika
verloren, und es stellt sich der für Dimethylsulfon und Dimethylsulfid charakteri-
stische Geruch ein. Die Bandbreite der Wirkung des DMSO geht weit über die
Veränderungen der Keratinmakromoleküle hinaus und schließt die Änderungen
im Gefüge des plasmamembranösen Austausches mit Änderungen der Komposi-
tion der interzellulären Lipidschichten um die Hornlamelle ein. Offenbar werden
auch durch Veränderungen der Makromoleküle die Bindungskapazitäten verändert, so daß auch Antimykotika im Rahmen der gleichzeitigen Anwendung von
Dimethylsulfoxyd eine erhöhte Reservoirbindungskapazität in der Hornschicht
aufweisen können.

Auch beim **Harnstoff** ist voranzustellen, daß es in Abhängigkeit von der Konzentration zu den unterschiedlichsten Auswirkungen, insbesondere im Hinblick
auf Hydratisierung und Strukturänderung der Hornlamellen kommt.

Lipide und Fettsäuren werden durch molaren Harnstoff aus einer Proteinbin-
dung gelöst, ein Verfahren, das für die Isolierung von entsprechenden Substanzen
im Rahmen der Analyse von biologischem Material im Labor von besonderer
Bedeutung ist. Harnstoff ist nicht flüchtig und kann Wasserverlust ersetzen.
Durch eine höhere Konzentration von Harnstoff um 40% tritt eine Veränderung
der intermolekularen H_2O-Bindung ein, wobei insbesondere das Verhältnis zwischen dem Wassermantel der Proteine und der intramolekularen Wasseranlagen
(Cluster-Entwicklung) beeinflußt wird. Über diese konzentrationsabhängige Ein-

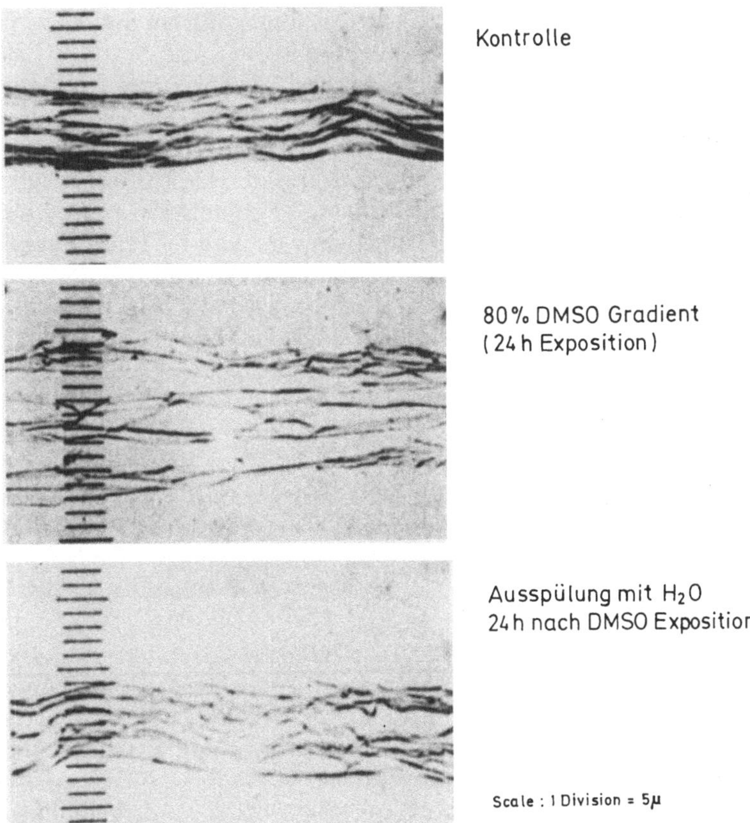

Abb. 3. Mikrophotographien des stratum corneum (nach [1]) unter DMSO-Einwirkung

lagerung mit Verdrängung von Wasser und dessen Ersatz ist die Einwirkung auf Keratin zu erklären. Kosmetisch ist Harnstoff bei einer Konzentration um 2–5% bereits ein Stabilisator der Elastizität der Hornlamellen und ein wesentlicher Wirkstoff bei Behandlung von Exsikkosen.

Bei Veränderungen der makromolekularen Struktur durch höher konzentrierten Harnstoff ist in Abhängigkeit von der angebotenen Substanz eine Erhöhung der Bindungskapazität möglich. Dies betrifft zum Beispiel das Antimykotikum Oxiconazol. Bei Clotrimazol ist dieser Effekt weniger ausgeprägt [10]. Die vielfältigen Harnstoffwirkungen auf die menschliche Haut lassen dieser körpereigenen Substanz ein breites Indikationsspektrum zukommen. Durch Auftragen einer 40%igen Harnstoffpräparation, z.B. auf Finger- oder Zehennägel, wird Keratin extrem aufgelockert und damit die Möglichkeit gegeben, dieses Nagelmaterial leicht zu entfernen, ohne daß sich eine Schädigung der umgebenden Gewebsschichten einstellt. Dies ist ein wesentlicher Gesichtspunkt für den Einsatz des Harnstoffs bei der antimykotischen Therapie von Onychomykosen, da sowohl dem weiteren Wachstum der Pilze durch Entfernen des Nährmilieus der Boden entzogen, als auch einer Anreicherung antimykotischer Substanzen im noch verbliebenen Nagelanteil der Weg geebnet wird.

Unter besonderer Bezugnahme auf das Zweikompartimentesystem der Hornschicht der Haut ist die Hornlamelle Angriffspunkt für Harnstoff, während die lipidreiche Interzellularsubstanz, die den anderen Teil der Barriere darstellt, dabei weniger in Mitleidenschaft gezogen wird. Harnstoff ist in höherer Konzentration geeignet, bei lokaler Anwendung Keratinmassen zu entfernen, ohne daß die Barrierefunktion völlig zerstört wird. Es wird im Prinzip nur eine partielle Erhöhung der Permeationsfähigkeit der Haut erreicht. Nur dort, wo das Keratin das wesentliche Strukturelement darstellt, wie beim Nagelmaterial, zeigt sich in Abhängigkeit von der Konzentration eine hohe Chance des Abräumens der durch Harnstoff veränderten gequollenen Keratinmassen.

Therapeutische Anwendung

Stellt man im Rahmen der therapeutischen aggressiven Behandlung der Hornschicht mit verschiedenen Substanzen deren besondere Eigenschaften heraus, so sind folgende Schwerpunkte für die jeweiligen Medikamente in den Vordergrund zu stellen:

1. **Dimethylsulfoxyd.** Eluierung der Interzellularsubstanz und konzentrationsabhängige Extraktion des Innenmaterials der Hornzelle, verbunden mit Änderung der helikalen Struktur der Keratinmoleküle über intramolekulare Einlagerung von Wasser. Damit verbunden ist eine transkutane Resorption des DMSO mit chemischer Umwandlung.
2. **Keratinolytika.** (Thioglykolsäure, Alkalisulfide, Erdalkalisulfid). Deren Wirkungsmodus ist die Sprengung quervernetzender Sulfidbrücken; über eine Quellung der Keratinfasern ist schließlich eine echte Lösung der Hornzellenbestandteile zu erreichen.
3. **Keratinoplastika.** (Harnstoff, Salizylsäure). Bewirken eine Lösung der Kohäsion von Hornzellen verbunden mit einer Quellung bei höheren Konzentrationen; damit wird die Abtragung des Hornmaterials erleichtert. Eine konzentrationsabhängige Zerlegung der Keratinfilamente durch Harnstoff mit einer Maximierung der Strukturdeformation bei höherer Konzentration wirkt sich vornehmlich auf Proteinverbindungen aus, ohne daß eine Entfernung der Lipide im Interzellularraum erfolgt.
Es bleibt im Prinzip die Barrierestruktur erhalten, und es tritt nur eine partielle, vom Wirkstoff abhängige Erhöhung der Penetration und Permeation ein. Harnstoff ist zudem als endogenes Produkt frei von einer allergenen Wirkung und hat auch bei Resorption durch die Haut keinerlei toxische Auswirkung.
Bereits im Vorstadium der Keratinisation kann durch Vitamin-A-Säure und deren Abkömmlinge auf beide Kompartimente − sowohl Keratinbildung als auch Interzellularsubstanz − Einfluß genommen werden.

Literatur

1. Chandrasekaran SK, Shaw JE (1978) Factors influencing the percutaneous absorption of drugs. In: Curr. Probl. Dermatol. vol. 7. Karger, Basel, p 142
2. Elias PM, Grayson S, Lampe MA, Williams ML, Brown BE (1983) The intercorneocyte space. In: Marks R, Plewig G (eds) Stratum corneum. Springer, Berlin Heidelberg New York
3. Friedmann PS (1986) The skin as a permeability barrier. In: Thody AJ, Friedmann PS (eds) Scientific basis of dermatology. Churchill Livingstone, Edinburgh London Melbourne New York
4. Marks R, Plewig G (eds) (1983) Stratum corneum. Springer, Berlin Heidelberg New York
5. Orfanos CE (1981) Aufbau der Hornschicht im Hinblick auf ihre Funktion. In: Klaschka F (Hrsg) Stratum corneum. Grosse, Berlin
6. Steinert PM (1983) Epidermal keratin: Filaments and matrix. In: Thody AJ, Friedmann PS (eds) Scientific basis of dermatology. Churchill Livingstone, Edingburgh London Melbourne New York
7. Stüttgen G, Schaefer H (eds) (1974) Funktionelle Dermatologie. Springer, Berlin Heidelberg New York
8. Stüttgen G, Bauer E (eds) (1982) Bioavailability, skin and nail penetration of topically applied antimycotics. Mykosen 25 25:74
9. Stüttgen G (1987) Skin and nail penetration. In: Shroot B, Schaefer H (eds) General principles of skin permeability. Pharmacol. Skin, vol. 1. Karger, Basel pp 22
10. Stüttgen G (1989) Penetrationsförderung lokal applizierter Wirkstoffe durch Harnstoff. In: Raab W (Hrsg) Harnstoff in der Dermatologie. Der Hautarzt 40, suppl 9
11. Uitto J, Oikarinen A, Thody AJ (1986) Mechanical and physical functions of skin. In: Thody AJ, Friedmann PS (eds) Scientific basis of dermatology. Churchill Livingstone, Edinburgh London Melbourne New York
12. Zaun H (1987) Krankhafte Veränderungen des Nagels. Beiträge zur Dermatologie, Band 7. perimed, Erlangen
13. Zesch A (1988) Externa. Galenik − Wirkung − Anwendungen. Springer, Berlin Heidelberg New York London Paris Tokyo

Probleme der Compliance bei Patienten mit Onychomykosen

W. Meinhof

Einleitung

Wir sind es gewohnt, eine Behandlung als Einwirkung des Arztes auf den Patienten zum Zweck der Behebung von Krankheiten zu verstehen. Der Arzt ist die handelnde, der Patient die behandelte Person. Bei manchen Therapieformen ist alles Handeln allein beim Arzt zu finden, der Patient hat nur zu erdulden, wie etwa bei einer Operation oder einer Injektion. In anderen Fällen übernimmt der Patient selbst die therapeutische Handlung. Der Arzt gibt Anweisungen oder Anleitungen, die der Kranke befolgt, zumindest im Idealfall. Probleme der Compliance ergeben sich aus der Diskrepanz zwischen Ideal und Wirklichkeit, aus der Abweichung des Patienten vom empfohlenen Pfad zur Heilung.

In Untersuchungen, die vor etwa 5 Jahren an 230 Kranken mit Hautmykosen durchgeführt wurden, konnte gezeigt werden, daß sich fast die Hälfte der Patienten nicht an die vorgeschriebene Anwendungshäufigkeit hielt und daß ein Viertel die Therapie vorzeitig beendete [2, 3]. Diese Zahlen gelten für die Behandlung von oberflächlichen Hautmykosen, die mit den heutigen hochwirksamen Antimykotika nur recht kurz behandelt werden müssen. Für die lokale Behandlung von Nagelmykosen durch den Patienten selbst fehlen entsprechende Erhebungen. Dennoch lassen sich zu diesem Thema einige Einsichten darstellen, denn die Behandlung der Onychomykosen stellt in jedem Fall, bei der **topischen** wie bei der **oralen** medikamentösen Therapie und sogar bei der **operativen** Entfernung der Nägel besondere Anforderungen an die Mitwirkung und Zugänglichkeit des Patienten.

Im letztgenannten Fall, der Nageloperation, besteht die Compliance vor allem darin, daß der Träger der Onychomykose in die Behandlung einwilligt. Damit wird bereits ein sehr wichtiges Problem sichtbar, das für Onychomykosen generell, für die Nagelmykosen der Füße aber ganz besonders gilt. Viele Patienten, aber auch Arztkollegen stellen uns die zweifelnde Frage: Muß man denn eine Nagelmykose überhaupt behandeln? und darüberhinaus: Kann man eine Nagelmykose wirklich jemals wieder loswerden?

Derartige Zweifel sind schlechte Begleiter einer Onychomykosetherapie. Es kommt daher zunächst darauf an, vom Patienten nicht nur die äußere, vielleicht sogar schriftliche Einwilligung zu erhalten, sondern seine innere Zustimmung. Die aber sollte im Einklang stehen mit der Überzeugung des Arztes. Ich erwähnte, daß auch von ärztlicher Seite, gelegentlich selbst von Dermatologen, Zweifel geäußert werden, ob die Behandlung einer Nagelmykose möglich und auch sinnvoll sei.

S. Nolting, H. C. Korting (Hrsg.)
Onychomykosen
© Springer-Verlag Berlin Heidelberg 1989

Behandlungsmöglichkeiten

Um die Frage nach der Behandlungsmöglichkeit zu beantworten, sollte man zwischen verschiedenen Manifestationen der Onychomykose differenzieren. Die Nagelmykosen der Hände sind im allgemeinen leichter zu behandeln, schneller auszuheilen als die der Zehen. Die Gründe dafür sind vor allem das schnellere Wachstum der Fingernägel und die Tatsache, daß die meisten Menschen ihre Hände aufmerksamer pflegen als ihre Füße. Unabhängig von der Lokalisation gibt es auch morphologische Varianten der Onychomykosen, von denen einige besonders schlechte, andere sehr viel bessere Heilungschancen haben. Die besten Aussichten auf rasche Heilung verspricht die oberflächliche weiße Nagelmykose, die Leukonychia mycotica, die bereits 1922 von Jessner beschrieben wurde. Bei der häufigeren subungualen Form der Nagelmykose hängt die Behandlungsaussicht sehr stark davon ab, wie weit die Pilze bereits zum Nagelwall vorgedrungen sind. Die Frage nach dem erwarteten Therapieerfolg ist also je nach Lokalisation und Form der Mykose und nach der Wachstumsgeschwindigkeit der Nägel unterschiedlich zu beantworten. Häufig kann man dem Patienten einen guten Erfolg in Aussicht stellen, aber es gibt auch Konstellationen, bei denen eine restlose Beseitigung der Onychomykose von vornherein äußerst fraglich erscheinen muß.

Die Antwort auf die Frage nach dem *Sinn einer Onychomykosebehandlung* kann ihre Argumente aus allgemeinen Überlegungen zur Verbreitung von Infektionskrankheiten beziehen oder auch aus Sachverhalten, die den Patienten unmittelbar betreffen. Es ist klar, daß jeder zunächst einmal fragt: Was nützt mir die Therapie? – und an die Allgemeinheit erst in zweiter Linie denkt. Da die Onychomykosen meist keine Schmerzen verursachen, wird die Störung des Wohlbefindens oft mehr durch negative ästhetische Effekte ausgelöst: Die Mykose sieht nicht schön aus, sie ist abstoßend, eklig und verunsichert dadurch ihren Träger. Dieses Moment kommt wiederum bei den Fingernagelmykosen stärker zum Tragen als bei Mykosen der Zehennägel. Dabei sind gerade die Fußmykosen – mit oder ohne Nagelbeteiligung – die Infektionsquelle für die ständige Weiterverbreitung der Dermatophytosen durch *Trichophyton rubrum* und *Trichophyton mentagrophytes var. interdigitale.*

Es ergibt sich somit die Situation, daß bei Onychomykosen der Hände nicht nur die Heilungschancen generell besser sind sondern auch die Einsicht in die Notwendigkeit einer Behandlung leichter zu erreichen ist. Für die Begründung, warum auch Onychomykosen der Füße behandelt werden sollten, gibt es noch eine wichtige Aussage, die den epidemiologischen und den individuell patientenbezogenen Standpunkt in sich vereint: Fußmykosen sind sehr oft auch Ausgangspunkt für Mykosen anderer Lokalisation beim Patienten selbst. Ein unauffälliger, mit Dermatophyten infizierter Zehennagel kann der Ursprung einer Tinea inguinalis, einer Tinea glutaealis, einer Tinea corporis oder Tinea faciei und natürlich vor allem Ursache für eine Nagelmykose der Finger sein.

Bisher war nur von der Einwilligung und inneren Zustimmung zur Onychomykosebehandlung die Rede. Man könnte glauben, daß das bisher Gesagte nur Vorrede ist, weil ja die Durchführung der Behandlung und das Mitmachen der Patienten, die „Behandlungstreue", noch gar nicht zur Sprache kamen. Aber man sollte die Bedeutung dieser ersten Überlegungen nicht unterschätzen. Häufig genug bleiben Patienten später nur deswegen ihrer Behandlungsanweisung nicht treu, weil sie den Sinn nicht einsehen können und vielleicht sogar das Gefühl haben, ihr behandelnder Arzt glaubt auch nicht so recht daran, daß seine Therapie helfen wird. Dabei muß dieser Eindruck des Patienten nicht unbedingt zutreffend sein, sondern es hat nur daran gefehlt, daß ein eingehendes Gespräch über die angeschnittenen Fragen geführt wurde.

Es gibt Kritiker, die den Ärzten vorwerfen, mit dem Begriff der *Non-Compliance* werde versucht, die ganze Schuld an Behandlungsfehlschlägen auf mangelndes Wohlverhalten der Patienten abzuwälzen. Ich meine, daß diese Kritik zwar zu einseitig ist, aber daß sie doch eine Gefahr sichtbar macht, die wir vermeiden müssen.

Ist der Patient erst einmal für den Plan gewonnen, daß seine Onychomykose ausgeheilt werden soll, stellt sich die Frage nach der Behandlungsmethode. Alle bisher gebräuchlichen Therapien mit oralen systemischen Antimykotika, sei es Griseofulvin, seien es Azole, erfordern eine monatelange Einnahme des Medikamentes. Die Einnahme selbst ist ein einfaches, für den Patienten bequemes Therapieverfahren, bei dem es darauf ankommt, eine gewisse Regelmäßigkeit zu wahren. Schriftliche Festlegung von Daten, an denen die verordnete Packung verbraucht sein sollte, selbst angelegte „Kalenderpackungen", Aufbewahrung des Medikamentes an gut sichtbarem Ort und Einnahme stets zur gleichen Tageszeit erleichtern die regelmäßige Einnahme. Aber bei der oralen Behandlung von Onychomykosen ergeben sich die Compliance-Störungen nicht so sehr aus dem Einnahmevorgang selbst sondern aus der Angst vor Nebenwirkungen. Regelmäßige Laborkontrollen tragen dazu bei, diese Angst zu verringern, sind aber selbst wiederum mit Angst behaftet wegen des Stechens bei der Blutentnahme.

Die **Lokalbehandlung** der Onychomykosen gehörte bis vor kurzem zu den Methoden mit der geringsten Heilungschance. Da in neuerer Zeit jedoch deutliche Verbesserungen auf diesem Gebiet erreicht wurden, ist der pessimistische Standpunkt heute nicht mehr gerechtfertigt. Für die Selbstbehandlung durch den Patienten bringt die Lokaltherapie der Onychomykosen ähnliche Probleme mit sich, wie die Lokalbehandlung anderer Mykosen. Man kann daher vermuten, daß sich hier die gleichen Abweichungen von den Behandlungsvorschriften einstellen, wie sie bei der Lokalbehandlung der Hautmykosen beobachtet wurden. So ist zu wünschen, daß die Präparate zur Lokalbehandlung von Nagelmykosen Spielraum lassen für die menschliche Schwäche, sich nicht immer genau an Vorschriften des Arztes zu halten. Konkret: auch wenn die Anwendung einmal vergessen wurde, sollte aus der letzten Applikation soviel Nachwirkung vorhanden sein, daß das Endresultat der Therapie nicht gefährdet wird. Ein vorzeitiger Abbruch der Therapie ist immer schädlich für den Behandlungserfolg. Daher wäre hier eine möglichst kurze Regel-Behandlungsdauer die wünschenswerte Vorkehrung gegen den unzeitigen Behandlungsabbruch.

Ältere Präparate zur lokalen Behandlung von Onychomykosen krankten oft daran, daß sie keratolytische Substanzen enthielten, die auch das gesunde Gewebe angriffen. Hieraus entstand die Forderung nach Schutz- und Abdeckungsmaßnahmen für die an den Nagel grenzenden Hautpartien. Es liegt auf der Hand, daß derartige Umständlichkeiten die Selbstanwendung erschweren und sich negativ auf die Compliance auswirken. Deshalb ist ein dritter Wunsch an Präparate zur

Lokalbehandlung von Nagelmykosen eine möglichst geringe Toxizität für die gesunde Haut.

Zusammenfassung

Die Lokalbehandlung der Onychomykosen fordert vom Patienten ein hohes Maß an Mitwirkung, das besonders dann erreicht werden kann, wenn von ärztlicher Seite dem überzeugenden Gespräch genügend Zeit gewidmet wird. Die bequeme orale Therapie mit systemischen Antimykotika ist durch die Angst vor Nebenwirkungen belastet. Die topische Therapie ist risikoarm aber umständlicher. Wie umständlich oder wie wenig umständlich diese Behandlungsmethode im einzelnen ist, hängt letztlich von der Qualität der antimykotischen Präparate ab.

Literatur

1. Jessner M (1922) Über eine neue Form von Nagelmykosen (Leukonychia trichophytica). Arch Derm Syph (Berlin) 141:1
2. Meinhof W, Girardi RM, Stracke A (1984) Patient noncompliance in dermatomycosis. Dermatologica [Suppl 1] 169:57
3. Meinhof W, Girardi RM, Stracke A (1984) Patienten-Noncompliance bei Hautmykose. GIT [Suppl] 4:31

Erfahrungen mit der Bifonazol/Harnstoff-Formulierung in Deutschland

K. S. Nolting

Einleitung

Nagelmykosen hat es offenbar immer schon gegeben. Die Pilze haben die Nagelsubstanz als ein Gebiet angesehen, in dem sie sich gut ausbreiten können und in Abhängigkeit von verschiedenen Faktoren wenig gestört werden.

Josef Jakob Plenk, der erste Dermatologe von Rang, spricht bereits vor 200 Jahren von einer Tinea unguium. Er versteht darunter eine Zerfressung oder eine geschwürhafte Verderbung eines oder mehrerer Nägel. An Gattungen unterscheidet er trockenen Nagelgrind, Tinea sicca oder Höckrigkeit der Nägel und den feuchten Nagelgrind, die Tinea humida. Bei der letzteren wird der Nagel weich, runzlig und dort verdorben und läßt eine dünne Jauche ausfließen. Plenk beschreibt sehr bildhaft eine trockene und gleichsam beinfraßartige Zerstörung der Nägel, durch welche diese rauh, dick, zerreiblich und ungleich werden. Diese Krankheit kann man auch den trockenen Nagelgrind nennen. Zugleich greift er die Wurzel oder die Seitenränder, zuweilen aber den ganzen Nagel an.

Vor 20 Jahren hat Samman [11], ein ausgezeichneter Kenner der Nagelerkrankungen, in seinem Buch geschrieben, im ganzen gesehen bleiben die lokal anzuwendenden Substanzen ohne wesentlichen Einfluß auf den Fortbestand der Infektion. Der Erreger dringt normalerweise so tief in den Nagel ein, daß mit keinem der herkömmlichen Mittel eine entsprechend tiefe fungizide Wirkung und damit Abtötung der Erreger erreicht werden kann. Die ausschließliche Lokaltherapie bleibt unbefriedigend.

20 Jahre später (1988) schreibt Fritsch [1]: die Onychomykose ist zwar eine Infektionskrankheit, doch tritt sie stets an vorgeschädigten Nägeln auf. Zur Therapie bemerkt er, systemische Antimykotika, Griseofulvin, Ketoconazol müssen allerdings sehr langfristig genommen werden (1 Jahr). Wenn ein schwerer Basisschaden vorliegt (Durchblutungsstörungen), ist die Behandlung einer Onychomykose mit Griseofulvin meist wirkungslos und daher zu unterlassen.

Herkömmliche Lokaltherapie hat nur unterstützenden Wert und ist allein fast wirkungslos

Diese mit Nachdruck vertretenen Standpunkte spiegeln sehr gut die Meinungen der meisten Autoren wider, die sich mit dem Problem der Therapie von Onychomykosen auseinandergesetzt haben [2].

S. Nolting, H. C. Korting (Hrsg.)
Onychomykosen
© Springer-Verlag Berlin Heidelberg 1989

In den letzten Jahren – und gerade auch vom Bundesgesundheitsamt zugelassen – wurde auf diesem Gebiet doch Entscheidendes bewegt. Es ist ein Schritt nach vorn in der Lokaltherapie der Onychomykosen mit der Einführung des Mycospor-Nagelsets gelungen [12].

Bis in unsere Tage hinein waren die Bemühungen, eine rasche, sichere und auf lange Sicht zufriedenstellende Behandlung der Onychomykosen zu erreichen, nicht erfolgreich. Systemische und lokale Behandlungsmöglichkeiten entsprachen nicht den in sie gesetzten Erwartungen, so daß sich häufig sowohl beim Arzt als auch beim Patienten langsam Resignation breitmachte [3].

Wir haben seit Januar 1989 ein Medikament zur Verfügung, das uns in die Lage versetzt, völlig ohne Risiken die Auflösung von pilzinfiziertem Nagelmaterial herbeizuführen, ohne daß es zu einer gefährlichen Schädigung des umliegenden Gewebes kommt.

Unsere ersten Untersuchungen auf diesem Gebiet gehen bis zum Jahre 1983 [5] zurück, in dem diese Kombination aus 40% Harnstoff mit 1% Bifonazol erstmals zur Behandlung pilzinfizierter Nägel zur Verfügung stand. Die Erfahrungen, die wir in den vergangenen Jahren sammeln konnten, haben stetig zugenommen. Es war ein Lernprozeß im Umgang mit diesen Methoden zu durchlaufen. Enttäuschungen im Sinne eines Versagens dieser Therapie habe ich nicht erlebt. Es bleibt festzustellen, daß die Erfolge nicht in allen Fällen restlos befriedigend waren, jedoch konnte ein Großteil der Patienten von pilzbefallenen Nägeln befreit werden, ohne daß jemals Nebenwirkungen, die ein Absetzen der Therapie erforderlich machten, aufgetreten wären [6].

Moderne Diagnose und Therapie

Für die sichere Diagnosestellung einer Onychomykose sind der mikroskopische Nachweis der Pilze im Nativ-Präparat und die kulturelle Anzüchtung zur Identifizierung unbedingte Voraussetzung. Nagelveränderungen, die nicht durch Pilze verursacht sind, müssen ausgeschlossen werden, um den Patienten frustrane Therapiebemühungen zu ersparen [7].

Bei Onychomykosen kommt es darauf an, rasch und sicher zum Ziel zu gelangen. Daher ist es notwendig, pilzinfiziertes Nagelmaterial soweit wie möglich zu entfernen, um günstige Voraussetzungen für die Lokalbehandlung zu schaffen. Die Entfernung der pilzinfizierten Nagelsubstanz kann **mechanisch** durch Schneiden, Feilen oder Fräsen erfolgen, operativ durch Nagelextraktion oder chemisch durch Keratinoplastik. Keratinolyse ist kaum ohne weitreichende Schädigung zu erreichen.

Unter **chemischer Entfernung** versteht man die Auflösung des infizierten Keratins. Dafür sind bisher Salizylsäure, Kaliumjodid und Harnstoff benutzt worden. Der Harnstoff erhöht die Bindungsfähigkeit der Hornschicht für Wasser und verbessert zugleich die Wirkstoffpenetration. Es kommt so zu einer Aufquellung des infizierten Nagels durch Einlagerung von Wasser.

Der *Harnstoff* wird als physiologisches Endprodukt des Eiweißstoffwechsels nicht metabolisiert, und toxische Effekte sind unter therapeutischen Gesichtspunkten nicht zu erwarten. Harnstoff hat keratoplastische, proliferationshemmende, penetrationsfördernde und juckreizstillende Eigenschaften. Er wirkt terrainverändernd bis destruktiv in Abhängigkeit von der Konzentration, erleichtert die Penetration von Stoffen, vergrößert die Angriffsfläche und verändert die Reaktivität gegenüber immunologischen Prozessen.

Die Wirkung des Harnstoffs kann durch Okklusivverbände noch weiter gesteigert werden, und so ist eine atraumatische Ablösung pilzinfizierten Nagelmaterials erleichtert.

In klinischen Prüfungen wurde an weit über 100 Patienten in der Hautklinik Münster diese Lokalbehandlung der Onychomykose durchgeführt. Bei der Aufnahme von Patienten fanden frühere Behandlung, Ergebnis der Vorbehandlung, Begleiterkrankungen, Durchblutungsstörungen, Diabetes mellitus und Immunschwäche Berücksichtigung.

Die Diagnose wurde vor Therapiebeginn bei allen Patienten sowohl mykologisch als auch klinisch gesichert. In allen Fällen konnten Dermatophyten nachgewiesen werden. Die Therapie wurde in zwei Behandlungsabschnitten vollzogen:
1. wurde eine Ablösung des Nagels mit Bifonazol 1% + Harnstoffsalbe 40% unter Okklusion durchgeführt und
2. eine Weiterbehandlung über 4 Wochen, vorwiegend mit Mycospor-Creme, angeschlossen [8].

Mit zunehmender Erfahrung hat es sich als wichtig erwiesen, den Patienten genaue Anweisungen zu erteilen, wie am zweckmäßigsten vorzugehen ist. In vielen Fällen hat es sich als notwendig gezeigt, dem Patienten sogar vorzuführen, wie man Mycospor-Harnstoff aufträgt und den Okklusivverband anlegt. Vorher sollte eine warmes Hand- bzw. Fußbad mit einer Einwirkungszeit von 10–15 Minuten durchgeführt werden, um schon auf diese Weise eine Aufweichung zu erreichen. Der Verband mit einem wasserfesten Pflaster unter Okklusion wird für 24 Stunden belassen, dann erfolgen abermals nach Entfernung des Verbandes ein heißes Bad, Entfernung eines bereits aufgelösten Teils des infizierten Nagels, und daran schließt sich die Wiederholung des Vorgangs an.

Eigene Ergebnisse

Eine befriedigende Entfernung pilzinfizierten Nagelmaterials ist innerhalb eines Zeitraums von 7–21 Tagen – im Durchschnitt bei uns von 11 Tagen – erreicht. Im Anschluß daran wird die möglichst gewissenhafte Nachbehandlung über 4 Wochen mit Mycospor-Creme durchgeführt [4]. In der Nachbeobachtungszeit kommt es darauf an, auch für eine weitgehend effektive Begleittherapie Sorge zu tragen. Dazu gehört es, für warme und gut durchblutete Hände und Füße Sorge zu tragen, häufig einen Wechsel von Schuhen und Strümpfen vorzunehmen und neue Infektionen zu vermeiden.

Eine Schädigung des umgebenden Paronychiums oder anderer Anteile der Haut, die ein Abbrechen der Behandlung erforderlich machten, wurden von uns nicht beobachtet. Zweckmäßig ist es, die Patienten nicht zu Übereifer anzuregen, um Blutungen und Verletzungen durch zu heftiges mechanisches Vorgehen zu vermeiden.

Bei 20 Patienten wurden Bifonazol-Plasmakonzentrationen während der Behandlung mit Bifonazol Harnstoff-Salbe untersucht. Bei allen Patienten waren densitometrische Messungen auf der Dünnschichtplatte erfolgt. Die Messung geschah mit einem Chromatogramm-Spektralfotometer KM3 (Zeiss) bei 390 nm in Remission mit einem Potentialschreiber Servorgor 210 Metrawatt. Die Auswertung erfolgte mit dem Rechnerintegrator (SP 4200 Spectraphysics). Die untere Nachweisgrenze beträgt 1 ng/ml, und diese Grenze wurde bei keinem der 20 Patienten erreicht. Das bedeutet, die Plasmaspiegel waren niedriger als 1 ng/ml [9, 10].

Der therapeutische Effekt wird immer durch verschiedene Faktoren beeinflußt:
1. der Lokalisation an Finger- oder Fußnägeln
2. der Anzahl der befallenen Nägel,
3. der Menge des infizierten Nagelmaterials
4. Begleitumständen, besonders Durchblutungsstörungen
5. den ganz individuellen Bemühungen und der Geschicklichkeit des Einzelnen.

Der Erfolg der Behandlung hängt nicht nur von der Methode und der Wirksamkeit des Antimykotikums ab, sondern auch von seiner Salbengrundlage und der Freisetzung des Harnstoffs. In hohem Maße spiegeln das Nagelwachstum und die individuellen Bemühungen des Betroffenen und was leicht vergessen wird, auch die Führung durch den Arzt eine entscheidende Rolle. Nur so ist es möglich, einen dauerhaften Erfolg in der Behandlung der Onychomykosen zu erreichen, wenn dieser auch auf Dauer nicht 100% betragen kann, weil in einem Teil der Fälle Reinfektionen von der Haut und nicht erreichten Nagelpartien nicht vermieden werden können.

Zusammenfassung

Die Verwendung des Nagelsets mit Mycospor hat sich bereits bewährt und kann nach Zulassung jetzt auch in einem größeren Rahmen zum Nutzen der Patienten eingesetzt werden. Die chirurgische Extraktion des pilzbefallenen Nagels kann damit in Zukunft entfallen.

Literatur

1. Fritsch P (1988) Dermatologie. Springer, Berlin Heidelberg New York London Paris Tokyo
2. Meisel C (1986) Differentialdiagnose und Therapie von Onychomykosen. GIT [Suppl] 6:26
3. Meinhof W (1984) Patient noncompliance in dermatomycosis. Dermatologica 169 [Suppl]:57
4. Nolting S (1983) Rückblick auf 10 Jahre Imidazol-Präparate und Zukunftsaussichten. GIT 5 [Suppl]:17
5. Nolting S (1984) Neues zur Behandlung der Onychomykosen. GIT 4 [Suppl]:51
6. Nolting S (1984) Non-traumatic removal of the nail and simultaneous treatment of onychomycosis. Dermatologica 169 [Suppl 1]:117
7. Nolting S, Fegeler K (1986) Medizinische Mykologie. 3. Aufl. Springer, Berlin Heidelberg New York

8. Nolting S, Stettendorf S, Ritter W (1986) New trends in the treatment of onychomycosis. In: Hay RJ (ed) Advances in topical antifungal therapy. Springer, Berlin Heidelberg New York London Paris Tokyo
9. Ritter W (1982) The autospotter in drug level determination from body fluids. In: Kaiser RE (ed), Instrumental high-performance thin-layer chromatography. Bad Dürkheim, pp 114
10. Ritter W, Stettendorf S, Weber H (1982) Pharmacokinetics of bifonazole and their clinical implications. In: Urabe U, Zaias N, Stettendorf S (eds) International antifungal symposium: Bifonazole, Tokyo. Excerpta Medica, Amsterdam p 48
11. Samman PD (1968) Nagelerkrankungen. Springer Berlin Heidelberg New York
12. Stettendorf S (1984) Bifonazole − A Synopsis of clinical trials world wide. Dermatologica 164 [Suppl 1]:69

Erfahrung mit Bifonazol/Harnstoff in der Klinik

W.-I. Worret

Einleitung

Da die Behandlung von Onychomykosen auch noch heute viele ungelöste Schwierigkeiten aufwirft, wie fehlende Penetration topischer Antimykotika, Immobilisation und gelegentliche Onychodysplasie nach Nagelextraktion, bisweilen ernste Nebenwirkungen bei systemischer Therapie, ist der Kliniker jederzeit an neuen Therapeutika interessiert, besonders wenn diese ein günstiges Wirkungs/Nebenwirkungs-Spektrum verheißen und der Patient unter der Behandlung arbeitsfähig bleibt.

Die Idee, mykotisch veränderte Nägel mit geeigneten Chemikalien abzulösen, ist nicht neu. Trotzdem hatte sich diese Therapieform nie richtig durchsetzen können. Entweder waren die Keratolytika zu agressiv für die gesunde Umgebung oder unwirksam, da zu gering dosiert bzw. galenisch nicht haltbar. Dazu kamen noch Schwierigkeiten in der Handhabung, die in eine schlechten Compliance ausmündeten.

Deshalb erschien die neue Formel 40% Harnstoff/1% Bifonazol vielversprechend für eine klinische Prüfung, besonders auch, da der Testpackung zusätzlich alle Hilfsmittel beigelegt wurden, um eine Nagelablösung auch für einen Laien möglich zu machen.

Trotzdem sind diese Hilfsmittel kein Garant für eine optimale Therapie, denn der Dermatologe muß dem Patienten die Handhabung jeweils genau erklären, desweiteren ständig motivieren und auch schon mal selbst Hilfestellung geben, um erweichtes Nagelmaterial abzulösen. Nur dann haben wir ein hocheffektives Nageltherapeutikum zur Hand.

Bevor die Resultate der klinischen Prüfung hier referiert werden, soll zuerst die praktische Handhabung in allen Einzelheiten beschrieben werden, denn nur wenn man als Arzt diese wirklich beherrscht, ist es möglich, dem Patienten jegliche Hilfestellung zu dieser nicht ganz einfachen Behandlung zu geben.

Applikation

1. Auftragen der Paste etwa messerrückendick auf die gesamte Nagelplatte. *Vorsichtig an der Schraube drehen, die den Tubeninhalt herauspreßt, sonst läuft zuviel aus der Packung.* Entweder Paste mit dem Tubenschnabel auftragen, oder einen Watteträger dazu benutzen.

S. Nolting, H. C. Korting (Hrsg.)
Onychomykosen
© Springer-Verlag Berlin Heidelberg 1989

2. Danach mit dem beigelegten Pflaster einen Okklusivverband des Nagels bilden. Pflasterteil mit 2 Einschnitten wird volar/plantar befestigt, der Pflasterrest wird distal um die Ākre herumgeschlagen und der Teil mit den restlichen 2 Einschnitten dorsal befestigt. Die Ränder sind an das Endglied zu drücken und so zu modellieren, daß ein wasserdichter Abschluß entsteht. An der 4. oder 5. Phalanx das Pflaster oben und unten um jeweils einen Einschnitt kürzen.
3. Verband möglichst 24 Stunden liegenlassen.
4. Bereits nach der ersten Verbandabnahme mit dem beigelegten Kunststoffkratzer weiches Nagelmaterial abschaben. Hornkonsistenz ist so ähnlich wie festes Paraffin. Besonders mykotische Stellen bearbeiten. Evtl. mit der Spitze des Kratzers die verfärbten Gänge, in denen der Pilz vorwächst, aufreißen. In Ruhe und vorsichtig arbeiten, damit keine Verletzungen auftreten!
5. Kurzes, kaltes, desinfizierendes Fußbad mit anschließender gründlicher Trocknung, um die Hautmazeration zu beruhigen.
6. Vor dem Zubettgehen erneut verbinden.
7. Bei Entzündungen oder Schmerzen 1 Tag Behandlungspause. Evtl. Salizylsäure-haltiges Pflaster (Guttaplast) auf den befallenen Nagelabschnitt kleben. Bei persistierenden Schmerzen den Arzt konsultieren.
8. Wenn der Nagel oder die befallenen Stellen sich abzulösen beginnen, mit Kratzer und Nagelschere arbeiten. Evtl. auch den Arzt zu Rate ziehen oder helfen lassen. Eitrige Bezirke des Nagelbetts desinfizieren.
9. Nach Nagelablösung bis zum völligen Nachwachsen des Nagels topisch antimykotisch nachbehandeln, sinnvollerweise mit Bifonazol-Creme (Mycospor).

Dieses o.g. Vorgehen erfordert einen dauernden Dialog zwischen Patient und behandelndem Arzt, ist aber nötig für einen optimalen Therapieerfolg.

Ergebnisse der klinischen Prüfung

39 Patienten wurden behandelt (31 Männer, 8 Frauen; Durchschnittsalter: 42,8 Jahre). Die Nachbeobachtungsdauer betrug 6 Monate (Tabelle 1).

Insgesamt gab es bei den 39 Patienten 74 Nägel mit einem positiven Befund (20mal Fingernägel, 54mal Fußnägel) (Tabelle 2).

Während an den Händen meist die Nägel des Zeige-, Mittel- oder Ringfingers befallen waren, und das überwiegend an der rechten Hand (Arbeitshand), so waren an den Füßen vorwiegend die Großzehennägel beidseits betroffen.

Die Dauer der Onychomykose betrug im Durchschnitt 25,8 ± 21,1 Wochen.

Tabelle 1. Anzahl der befallenen Nägel pro Patient

Anzahl der Nägel	Zahl der Patienten	%
1	19	48.7
2	12	30.8
3	4	10.3
4	2	5.1
5	1	2.6
Summe	39	100

Tabelle 2. Übersicht über die befallenen Nägel

| | Nagelnummer | | | | | |
	1	2	3	4	5	Summe:
Finger links	1	1	3	0	1	5
Finger rechts	1	4	3	5	2	15
Summe	2	5	5	5	3	20
	1	2	3	4	5	Summe:
Zehen links	16	0	4	0	2	22
Zehen rechts	20	4	4	3	1	32
Summe:	36	4	8	3	3	54
Gesamtsumme:	38	9	13	8	6	74

Erreger

Den Pilzbefall an den Fingernägeln und Fußnägeln (nur häufigste Arten!) zeigen die Tabellen 3 und 4 auf.

Tabelle 3. Pilzbefall an den Fingernägeln vor der Nagelentfernung

	Art der Pilze	Anzahl	%
1	Candida albicans	6	43
2	Candida spezies	0	0
3	Candida + Mucor	0	0
4	Candida + Trichophyton rubrum	1	7
5	Scopular. brev.	0	0
6	Trichophyton rubrum	2	14
7	Penicillium	0	0
8	Trichophyton ment.	0	0
9	Epidermophyton flocc.	1	7
10	Torulopsis	4	29
11	Cephalosp.	0	0
	Summe	14	100

Tabelle 4. Pilzbefall an den Zehennägeln vor der Nagelentfernung

	Art der Pilze	Anzahl	%
1	Candida albicans	9	20
2	Candida spezies	3	7
3	Candida + Mucor	1	2
4	Candida + Trichophyton rubrum	2	4
5	Scopular. brev.	1	2
6	Trichophyton rubrum	19	41
7	Penicillium	1	2
8	Trichophyton ment.	2	4
9	Epidermophyton flocc.	5	11
10	Torulopsis	2	14
11	Cephalosp.	1	2
	Summe	46	100

Es besteht ein statistisch signifikanter Unterschied in der Art der Erreger zwischen Finger- und Zehennägeln. Bei den Fingernägeln fanden sich gehäuft Hefen, während Fußnägel vermehrt von Dermatophyten befallen waren.

Behandlungsdauer und Nebenwirkungen

Die Dauer bis zur Nagelablösung mit dem Harnstoff/Bifonazol-Präparat ist von den individuellen Fertigkeiten, von der Aufklärung durch den Arzt und von der Größe des abzulösenden Bezirks abhängig. Ebenfalls spielt auch die Dicke der Nagelplatte eine entscheidende Rolle.

Die mittlere Dauer (in Tagen) betrug:
für Fingernägel 10,70 ± 5,04 (min: 5, max: 20 Tage)
für Fußnägel   14,33 ± 5,67 (min: 4, max: 32 Tage)

Bei insgesamt 4 Patienten wurden folgende Nebenerscheinungen je einmal angegeben:
– Reizungen im Nagelbett
– Nagelbettentzündung
– Nagelwallreizung
– leichte Erhöhung der γ-GT

Bei der Transaminaseerhöhung ist der Zusammenhang mit dem Prüfpräparat eher zweifelhaft.

Abschließende Beurteilung der Wirksamkeit

Der Therapieerfolg wurde nach folgenden Kriterien beurteilt:
– sehr gut   klinische und mykologische Heilung (nativ und Kultur negativ).
– gut   klinische Besserung und mykologische Heilung.
– mäßig   klinische Besserung und keine mykologische Heilung
              (nativ und/oder Kultur positiv)
– schlecht   keine Veränderung, weder klinisch noch mykologisch.

Die Ergebnisse sind in Abb. 1 dargestellt.
Die Patienten wurden hinsichtlich des Therapieerfolgs in 2 Gruppen unterteilt, in eine mit gutem bzw. sehr gutem Erfolg und in eine zweite mit mäßigem bzw. schlechtem Erfolg. Die Patienten beider Gruppen wurden im Hinblick auf Unterschiede hinsichtlich Alter, Geschlecht, Begleiterkrankungen, Ausmaß der Onychomykose, Art der Pilze, Dauer bis zur Nagelablösung, Finger- oder Zehenbefall überprüft. Es zeigte sich, daß von allen genannten Faktoren der Diabetes und die Häufigkeit des Befalls von Finger- und/oder Zehennägeln einen Zusammenhang mit dem Therapieerfolg aufwiesen (Tabelle 5).
Es ist zu berücksichtigen, daß nur 3 Patienten einen Diabetes mellitus hatten.
Außerdem war der Therapieerfolg eher mäßig oder schlecht, wenn mehrere Nägel mit Pilzen befallen waren. Dieses spricht erfahrungsgemäß für eine schlechtere Compliance bei generalisiertem Befall.

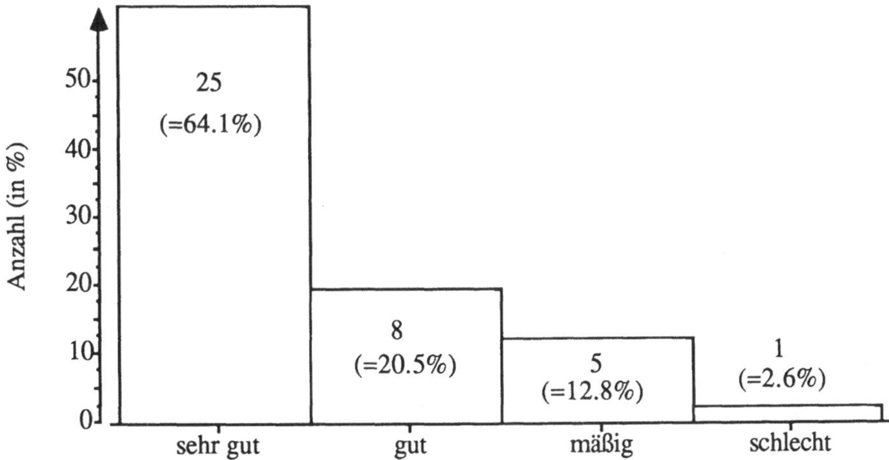

Abb. 1. Abschließende Therapiebeurteilung. Absolute Zahl der Patienten mit entsprechender Beurteilung in bzw. über der Säule

Tabelle 5. Therapieerfolg

		gut, sehr gut	mäßig, schlecht	Summe
	nein	32	4	36
Diabetiker	ja	1	2	3
	Summe	33	6	39

Ein Zusammenhang zwischen dem Befall von Zehen- und Fingernägeln konnte nicht nachgewiesen werden.

Zusammenfassung

Es konnte in dieser Prüfung gezeigt werden, daß die Behandlung der Onychomykose mit einer Bifonazol/Harnstoff-Paste hocheffektiv sein kann. Wichtig ist ein genaues Wissen um den Wirkmechanismus und eine optimale Anleitung des Patienten.

Für die statistischen Berechnungen danke ich: Privatdozent Dr. rer. nat. K. Ulm, Institut für Med. Statistik und Epidemiologie der Technischen Universität München

Erfahrungen mit Bifonazol/Harnstoff in der Praxis

Th.-M. Ernst und *W. Hopfenmüller*

Einleitung

Der Wunsch nach schonenden, aber wirksamen Alternativen zu chirurgischen Behandlungsmaßnahmen von Onychomykosen wird vom Patienten in zunehmendem Maße geäußert. Der ästhetische Aspekt des „gesunden Nagels" spielt heute in der durch diverse Freizeitaktivitäten geprägten Zeit eine nicht zu unterschätzende Rolle, so daß die Betroffenen von sich aus oder durch die Motivation von Angehörigen der Heilberufe den Weg zum Arzt suchen. Aufgrund der Rezidivfreudigkeit von Onychomykosen ist ein Teil dieser Patienten bereits durch einschlägige Erfahrungen mit chirurgischen Behandlungsmaßnahmen geprägt, wodurch dieser Patientenkreis für schonende Alternativen zur Behandlung von mykotisch infizierten Nägeln besonders dankbar ist.

Der Versuch einer chemischen Onycholyse mit harnstoffhaltigen Externa bzw. topischen Imidazol/Harnstoff-Kombinationen in eigener Rezeptur ist für den dermatologisch tätigen Arzt nichts grundsätzlich Neues [1–5]. Allerdings ließ bisher die Verträglichkeit und die galenische Stabilität der Zubereitung noch Wünsche offen. Es war daher von besonderem Interesse, eine neue galenisch-stabile Formulierung einer Imidazol-Antimykotikum/Harnstoff-Kombination (Mycospor-Nagelset) zur atraumatischen Entfernung des mykotisch infizierten Nagels unter Praxisbedingungen zu prüfen.

Patienten und Methoden

Die Prüfung erfolgte gemäß des Studiendesigns der Bayer AG im Rahmen einer multizentrischen Studie zur Wirksamkeit und Verträglichkeit einer Bifonazol 1%-Harnstoffsalbe (Mycospor-Nagelset) zur Onycholye mykotisch infizierter Nägel und nachfolgender topischer Bifonazol 1%-Creme (Mycospor-Creme) im Sinne einer sequentiellen Therapieform.

Bei 48 zuverlässigen und motivierten Patienten wurden klinisch-offensichtliche Onychomykosen der Finger und Zehen nach nativem und kulturellen Erregernachweis (Tabelle 1) in einem 2-Schritt-Verfahren behandelt, d.h. bis zur Nagelablösung unter Okklusivbedingungen jeweils über 24 Std. mit dem Mycospor-Nagelset, anschließend mit Mycospor-Creme einmal täglich allgemein über 4 Wochen. Patientendaten sind der Tabelle 2 zu entnehmen.

S. Nolting, H. C. Korting (Hrsg.)
Onychomykosen
© Springer-Verlag Berlin Heidelberg 1989

Tabelle 1. Erregerspektrum − 48 Patienten

	vor Nagel- ablösung	nach Abl. vor Beh.	3 Tg nach Beh.- ende	1 Mo nach Beh.- ende	3 Mo nach Beh.- ende	6 Mo nach Beh.- ende
Trichophyton rubrum	35	9	−	2	4	8
Trichophyton mentagr.	5	2	1	−	−	−
Scopulariops. brevicaul.	2	1	−	−	−	−
Candida spec.	2	−	−	−	1	2
Candida albicans	1	1	−	−	1	2
Epidermoph. floccosum	1	1	−	−	−	−
keine Erreger	−	31	43	42	37	31
keine Angabe	2	3	4	4	5	5
	48	48	48	48	48	48

Tabelle 2. Patientendaten; Patientenzahl: 48; männl. 29; weibl.: 19

Alter	54.7	(SD ± 16,9)
Körpergewicht (kg)	73,5	(SD ± 10,9)
Körpergröße (cm)	172,4	(SD ± 6,9)

Insgesamt wurden bei 48 Patienten 62 Nägel therapiert. Bei 34 Patienten waren ausschließlich Zehennägel (Nägel: n = 43) befallen. Bei 14 Patienten (Nägel: n = 19) wurden Fingernägel behandelt.

Die Mindestdauer der Erkrankung betrug nach anamnestischen Angaben der Patienten 24,7 (SD ± 14,1) Monate. Lediglich 2 Patienten waren vor Eintritt in die Studie vorbehandelt (chirurgisch sowie topisch). Begleiterkrankungen und Begleitmedikation wurden dokumentiert (Tabelle 3: Begleiterkrankungen).

Nicht einbezogen wurden Patienten mit bis zu 2 Wochen vor Studienbeginn vorangegangener lokaler antimykotischer Therapie bzw. bis 4 Wochen zurückliegender systemischer Antibiotikabehandlung, zum anderen Patienten mit zweifelhaften oder negativen mykologischen Befunden.

Im ersten Behandlungsabschnitt wurde zunächst eine atraumatische Nagelablösung der mykotisch infizierten Nägel mit dem Mycospor-Nagelset durchgeführt. Nach jeweils 24 Std. unter Okklusion wurde das aufgeweichte Nagelmaterial mit Hilfe eines Fußhobels sowie mechanisch instrumentell entfernt.

Tabelle 3. Begleiterkrankungen

Durchblutungsstörungen	5
Diabetes	4
Immundefizienz	−
sonstige	19
Summe	28

Nach erfolgreicher Reduzierung des befallenen Nagels erfolgte im zweiten Therapie-Schritt eine Behandlung des Nagelbettes mit Mycospor-Creme.

Vor Beginn der Therapie, nach Nagelablösung, sowie 3 Tage, 1 Monat, 3 Monate und 6 Monate nach Behandlungsende wurden mykologische Kontrollen (nativ und kulturell) durchgeführt.

Ergebnisse

Die Dauer bis zur atraumatischen Nagelablösung mykotisch infizierter Nägel betrug durchschnittlich 15,5 ± 4,8 Tage (7−23 Tage). Die anschließende Therapie mit Mycospor-Creme erforderte 28,6 ± 5,8 Tage (19−44 Tage).

Die kulturelle Auswertung über den gesamten Behandlungszeitraum ist der Tabelle 2 zu entnehmen. Am Ende der Nachbeobachtungsphase von 6 Monaten wurden bei *31* der 48 Patienten weder kulturell noch nativ Pilze nachgewiesen.

Die Beurteilung des Therapieerfolges erfolgte nach den Parametern:

sehr gut = klinische und mykologische Heilung (KOH und Kultur negativ)
gut   = klinische Besserung und mykologische Heilung
mäßig   = klinische Besserung, aber keine mykologische Heilung
            (KOH und Kultur positiv)
schlecht = keine Veränderung, weder klinisch noch mykologisch

Aufgrund der vorgegebenen Beurteilungsparameter wurde der Therapieerfolg bei 35 Patienten mit sehr gut und gut beurteilt. Lediglich in 13 Fällen ergab die Therapieform mäßige bis schlechte Resultate. In 2 Fällen erfolgte ein Erregerwechsel, in 7 Fällen konnte eine denkbare Reinfektion nicht ausgeschlossen werden.

Im Nachbeobachtungszeitraum von 6 Monaten konnte ein normales Nagelwachstum bei 27 Patienten beobachtet werden, bei 21 Patienten lagen sekundäre Nagelwachstumsstörungen vor (Tabelle 4).

Die sequentielle Bifonazol/Harnstoff-Therapie zeichnete sich allgemein durch eine hohe Akzeptanz aus.

Tabelle 4. Nachwachsen der Nägel (n = 62 von 48 Patienten)

	3 Tage	1 Mo	3 Mo	6 Mo
normal	42	37	29	27
path. Ursache	6	11	18	21
keine Angabe	−	−	1	−

Diskussion

Die 2-Schritt-Therapie von mykotisch infizierten Nägeln mit Hilfe einer neuen galenisch-stabilen Bifonazol/Harnstoffzubereitung (Mycospor-Nagelset) und anschließender lokaler Bifonazol-Therapie des Nagelbettbereiches stellt sicher-

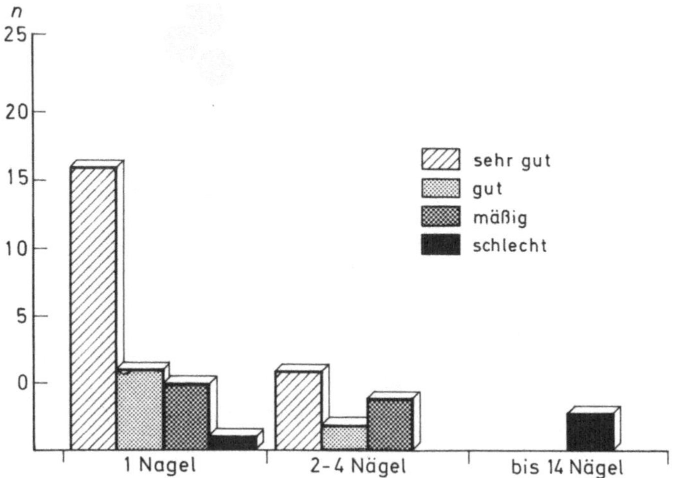

Abb. 1. Therapieerfolg in Abhängigkeit der befallenen Nägel

lich eine sinnvolle Ergänzung therapeutischer Alternativen in der Behandlung von Onychomykosen dar. Nach wie vor ist allerdings eine lokale Therapie von Onychomykosen in der Praxis problematisch, zumal ein evtl. Therapieerfolg wochen- oder monatelang auf sich warten läßt. Dies erfordert selbst bei motivierten Patienten eine geduldige Führung durch den Arzt.

In der ersten Behandlungsphase der atraumatischen Onycholyse traten mit der Bifonazol/Harnstoffsalbe gelegentlich Schwierigkeiten bei der mechanischen Entfernung erweichter Nagelanteile auf, wobei der Typ des „ängstlichen" Patienten häufig den Mut verliert, in Nagelfalznähe mykotisch infiziertes Material zu entfernen. Dies muß dann häufig in der Praxis erfolgen. Ferner wird die Compliance in der Regel durch die Menge der zu therapierenden Nägel bestimmt (Abb. 1: Therapieerfolg in Abhängigkeit der befallenen Nägel). Die Behandlung einzelner Nägel erscheint hier eher erfolgversprechend. Bei den Fußnägeln lassen sich mit der dargestellten Methode zuverlässig die Großzehennägel sowie die Nägel der 2. Zehen therapieren. Unter Alltagsbedingungen besteht bei den 3.−5. Zehen nicht in allen Fällen eine zuverlässige Haftung des Pflastermaterials.

Im Hinblick auf die Korrelation zwischen therapeutischem Erfolg und Lebensalter ist anzuführen, daß jüngere Patienten überwiegend einzelne mykotisch infizierte Nägel aufweisen, ältere Patienten wiederum über ausreichend mehr Zeit zur Ausführung der Therapiemaßnahmen verfügen. Bei Patienten in den mittleren Jahrgängen bestanden häufig internistische Begleiterkrankungen oder Gefäßerkrankungen des arteriellen bzw. venösen Schenkels (Abb. 2 u. 3).

Nicht zu unterschätzen ist der Anteil traumatisch vorgeschädigter mykotisch infizierter Nägel (Tabelle 4), so daß der Wunsch des Patienten nach einer ästhetisch intakten Nagelplatte in vielen Fällen nicht erfüllt werden kann.

Das bedeutet letztendlich ein Dilemma, das bei den therapierten Patienten trotz „Pilzfreiheit" der Nägel ein gewisses Frustationsgefühl hinterläßt.

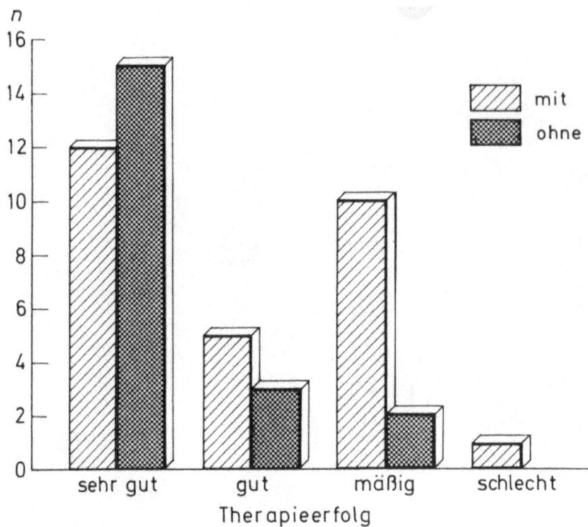

Abb. 2. Begleiterkrankungen

Abb. 3. Therapeutischer Erfolg und Alter der Patienten

Inwieweit eine Rezidivfreiheit über den Nagelbeobachtungszeitraum von 6 Monaten hinaus erreichbar sein wird, wird aller Voraussicht nach durch die allgemein bekannten Risikofaktoren für die Entwicklung einer Onychomykose bestimmt werden.

Literatur

1. Baran R (1986) Avulsion unguale chimique. Ann Dermatol Venereol 113:491
2. Hay RJ (ed) (1986) Advances in topical antifungal therapy. Springer, Berlin Heidelberg New York
3. Moncada B, Loreod CE, Isordin E (1983) Treatment of onychomycosis with Ketoconazole and nonsurgical avulsion of the affected nail. Cutis 31:438
4. Nolting KS (1988) Der Einsatz von Harnstoff bei Mykosen. Kurzfassung. Deutschsprachige Mykologische Gesellschaft. 22. Wissenschaftl. Tagung, 8.–10.9.88, Baden bei Wien
5. Nolting KS (1988) Therapeutic approaches in onychomycosis. In: Torres-Rodrigues JM (ed), Proceedings of the X. Congress of the International Society for Human and Animal Mycology, 27. 6.–1. 7. 88, Barcelona

Lokale Therapie von Onychomykosen mit Bifonazol-Harnstoffsalbe

S. Stettendorf

Einleitung

Die Therapie von Pilzinfektionen der Nägel ist noch immer problematisch, da die vorhandenen therapeutischen Möglichkeiten bisher zum Teil recht unbefriedigend sind. Jede Therapie einer Onychomykose ist zwangsläufig langwierig. Sie fordert ein hohes Maß an Compliance von seiten des Patienten und Führung von seiten des behandelnden Arztes.

Zu den bekannten Therapiemöglichkeiten gehört auch die Ablösung des infizierten Nagels, z.B. mittels Harnstoff.

Ein solches Therapieprinzip stellt die neue Wirkstoffkombination aus 1% Bifonazol und 40% Harnstoff in Form einer Salbe dar.

Neben seiner hydratisierenden Eigenschaft ist Harnstoff bekanntlich auch in der Lage, die Wirkstoffpenetration zu verbessern, was durch Okklusivverband noch gesteigert werden kann.

Im Rahmen von klinischen Beobachtungsstudien wurden Patienten mit Onychomykose mit Bifonazol-Harnstoffsalbe (Initialtherapie) und Bifonazol[1]-Creme 1%, -Lösung 1% oder -Gel 1% (Folgetherapie) behandelt.

Material und Methode

In 17 klinischen Beobachtungsstudien wurden insgesamt 558 Patienten beiderlei Geschlechts mit nachgewiesener Onychomykose therapiert. Aufnahme- und Ausschlußkriterien waren im Prüfprotokoll festgelegt.

Bei allen Patienten war vor Therapiebeginn die Diagnose mykologisch (Nativpräparat und Kultur) und klinisch gesichert.

Die Therapie bestand aus zwei Behandlungsabschnitten:
1. Initial-Therapie der befallenen Nägel mit Bifonazol-Harnstoffsalbe unter Okklusiv-Verband alle 24 Stunden bis zur einwandfreien Ablösung der pilzinfizierten Nägel.
2. Weiterbehandlung des Nagelbettes mit Bifonazol-Creme, -Lösung oder -Gel einmal täglich über einen Zeitraum von 4 Wochen oder länger.

---

[1] Mycospor, Bayer AG, Leverkusen

S. Nolting, H. C. Korting (Hrsg.)
Onychomykosen
© Springer-Verlag Berlin Heidelberg 1989

Mykologische Untersuchungen (Nativpräparat und Kultur) sowie klinische Beurteilung erfolgten vor Therapiebeginn, nach kompletter Nagelablösung, bei Therapieende sowie 1, 3 und − nach Möglichkeit − 6 und 12 Monate nach Therapieende.

Die Bifonazol-Harnstoffsalbe wurde auf die befallenen Nägel messerrückendick aufgetragen und für jeweils 24 Stunden unter einem Okklusivverband, in der Regel einem wasserfesten Pflaster, belassen.

Bei jedem Verbandwechsel wurden die Nägel einige Minuten warm gebadet und leicht entfernbares pilzinfiziertes Nagelmaterial entfernt. Die Applikation der Bifonazol-Harnstoffsalbe wurde solange fortgesetzt, bis die pilzinfizierten Nagelanteile sauber abgelöst waren.

Die Weiterbehandlung des Nagelbettes erfolgte einmal täglich mit Bifonazol-Creme, -Lösung oder -Gel über einen Zeitraum von 4 Wochen oder länger.

Von den insgesamt 558 Patienten aus 17 Studien wurden 425 Patienten in einer Fallsammlung erfaßt und gemeinsam ausgewertet. Über die restlichen 133 Patienten aus 5 Einzelstudien wird einzeln berichtet.

Im folgenden werden die Ergebnisse der 425 Patienten aus der Fallsammlung mitgeteilt, die 5 Einzelstudien kurz gestreift.

Ergebnisse

Von den 425 Patienten waren 243 weiblich und 182 männlich. Sie waren zwischen 6 und 80 Jahren alt (Median 44 Jahre). Bei 313 Patienten handelte es sich um Onychomykose der Zehennägel, bei 93 Patienten um eine solche der Fingernägel und 19 Patienten hatten Fuß- und Fingernägel infiziert.

Die Zahl der befallenen Nägel betrug zwischen 1 und 10.

Die Onychomykose bestand im Median seit 30 Monaten. Die häufigsten Begleiterkrankungen waren Diabetes 11×, Durchblutungsstörungen 33×, Kreislaufbeschwerden 25×.

Die Dauer bis zur kompletten Ablösung des pilzinfizierten Nagelmaterials betrug im Median 10 Tage.

Vor Therapiebeginn wurden kulturell 372× Dermatophyten (vor allem *T. mentagrophytes* und *T. rubrum*), 24× Hefen, 14× Schimmelpilze und 15× Dermatophyten und Hefen nachgewiesen.

Die Kultur war nach Nagelablösung in 64%, 3 Tage nach Therapieende mit der jeweils angewandten Bifonazolzubereitung in 77% und bei der letzten Kontrolle in 66% der untersuchten Patienten negativ. Die Ergebnisse der Nativuntersuchung sind weitgehend identisch.

Die Gesamttherapiebeurteilung am Ende des follow-up ergab „Erfolg/Teilerfolg" bei insgesamt 62% der Patienten. Die lokale Verträglichkeit der Bifonazol-Harnstoffsalbe ist sehr gut. Bei der lege artis durchgeführten Behandlung können die pilzinfizierten Nägel schmerzlos abgelöst werden. Ein Abdecken der den Nagel umgebenden Hautareale ist nicht notwendig.

Diskussion

Die zusammengefaßten Daten von 12 verschiedenen Studien [1] bestätigen bereits
publizierte Erfahrungen [2, 3, 4, 6, 7, 8, 9, 11, 12]. So ergibt bei Döring [2] die
abschließende Therapiebeurteilung in 78%, bei Felten und Stettendorf [3] in 80%
der Patienten „Erfolg/Teilerfolg"; bei Lalosevic und Stettendorf [7] wurden 89%
und bei Nolting et al. [9] 80% als Erfolg beurteilt.

Da es sich bei der vorliegenden Zusammenfassung jedoch um gepoolte Daten
handelt, ist eine gewisse Nivellierung unvermeidbar, d.h. die Ergebnisse zwischen
Einzelstudien können z.T. erheblich differieren, wie die Therapiebeurteilung der
restlichen 5 Studien ebenfalls zeigt (Tabelle 1).

Tabelle 1. Onychomykosen/Bifonazol-Harnstoffsalbe

Studie Nr.	Land		Anz. Pat. (n)	Ergebnis (Erfolg)
0431	Spanien		17	80%[a]
0303	Argentinien		27	55%
0374	England		42	62.5%
0432	Spanien		23	87%
0445	Indonesien		24	87.5%
		Subtotal	133	
Fallsammlung (12 Studien)			425	62%
		Total	558	

[a] bezogen auf n = 26 Nägel

Als Therapieerfolg beurteilt (definiert als mykologisch negativ und klinisch
geheilt) wurden 3 bzw. 6 Monate nach Therapieende bei Torres et al. [12] 80%,
bei Galimberti et al. [4] 55%, bei Roberts et al. [11] 62,5%, bei Mascaro et al. [8]
87% und bei Hardjoko et al. [6] 87,5% der behandelten Patienten.

Die Bedingungen, unter denen Studien durchgeführt werden, spielen hierbei
eine nicht unerhebliche Rolle (Patientenauswahl oder nicht ausgewähltes Patien-
tengut, Klinik-Ambulanz/Allgemeinpraxis etc.).

Eine unverzichtbare Notwendigkeit für eine effektive Therapie ist
1. die gute Compliance der Patienten,
2. intensive Instruktion und Führung der Patienten durch den behandelnden
   Arzt,
3. Elimination von Reinfektionsquellen (T. pedis, Schuhe/Strümpfe).

Es muß auch erwähnt werden, daß der Erfolg dieser Therapie von der Anzahl
der befallenen bzw. gleichzeitig behandelten Nägel abhängt, d.h. die besten
Ergebnisse wurden beim Befall weniger/einzelner Nägel erzielt.

Auch andere Faktoren wie Durchblutungsstörungen, Alter und Motivation der
Patienten, Schädigung der Nagelplatte spielen eine beachtenswerte Rolle.

Das Therapieprinzip einer 2-Stufen-Therapie der Onychomykose mit Bifonazol-Harnstoffsalbe (Initialtherapie) zur atraumatischen Nagelablösung und Bifo-

nazol-Creme, -Lösung oder -Gel als Folgetherapie stellt eine echte Alternative zu bisherigen Therapiemöglichkeiten dar, wenn schon auch damit noch nicht alle Probleme endgültig gelöst werden können.

Zusammenfassung

Im Rahmen von 17 klinischen Beobachtungsstudien in mehreren Ländern wurden insgesamt 558 Patienten mit nachgewiesener Onychomykose der Zehen- und/oder Fingernägel initial mit einer Bifonazol-Harnstoffsalbe okklusiv bis zur Nagelablösung und anschließend ca. 4 Wochen mit Bifonazol-Creme, -Lösung oder -Gel behandelt. Die Zeit bis zur Ablösung der infizierten Nägel betrug durchschnittlich 10 Tage.

Die Behandlungserfolge am Ende der Beobachtungszeit waren in den einzelnen Studien unterschiedlich, sie lagen zwischen 55 und 87%. Die lokale Verträglichkeit war sehr gut.

Das beschriebene Therapieprinzip stellt eine gute Alternative zu bestehenden Therapiemöglichkeiten dar.

Literatur

1. Cagatay M, Stettendorf S (1987) Überprüfung der Wirksamkeit und Verträglichkeit von Mycospor Onychoset/Mycospor bei Patienten mit Onychomykosen. Fallsammlung. Pharma-Bericht Nr. 15738 P
2. Döring HF (1986) Lokale Onychomykosetherapie mit einer neuen Bifonazol-Harnstoffzubereitung. Ärztl Kosmetol 16:441
3. Felten G, Stettendorf S (1987) Lokale Behandlung von Onychomykosen mit Bifonazol-Harnstoffsalbe. Dtsch Derm 35:743
4. Galimberti R et al. (1988) Treatment of onychomycosis in Latin America. In: Torres-Rodriguez JM (ed) X. Congress of the International Society for Human and Animal Mycology – ISHAM. JR Prous Science, Barcelona, p 252
5. Haneke E (1986) Differential diagnosis of mycotic nail diseases. In: Hay R (ed) Advances in topical antifungal therapy. Springer, Berlin Heidelberg New York, p 94
6. Hardjoko FS et al. (1988) Treatment of onychomycosis with bifonazole-urea combination. In: Proceedings 8th Regional Conference Dermatology (Asian-Australasian), Bali, p 155
7. Lalosevic J, Stettendorf S (1986) Results of a new therapeutic regimen in the treatment of Onychomycosis. In: Hay R (ed) Advances in topical antifungal therapy. Springer, Berlin Heidelberg New York, p 102
8. Mascaro JM et al. (1989) Experience with topical application of bifonazole 1% plus urea 40% in the treatment of onychomycsis. J Am Acad Derm; in press
9. Nolting S, Stettendorf S, Ritter W (1986) New trends in the treatment of oychomycosis. In: Hay R (ed) Advances in topical antifungal therapy. Springer, Berlin Heidelberg New York, p 108
10. Qadripur SA (1983) Die Onychomykose. GIT 3/5:27
11. Roberts DT, Hay RJ, Doherty VR, Richardson MD, Midgley G (1988) Topical treatment of onychomycosis using a new combined urea/imidazole preparation. In: Torres-Rodriguez JM (ed) X. Congress of the International Society for Human and Animal Mycology – ISHAM. JR Prous Science, Barcelona, p 256
12. Torres-Rodriguez JM, Madrenys-Brunet N (1988) Aspects of etiology, epidemiology and treatment of onychomycosis. In: Torres-Rodriguez JM (ed) X. Congress of the International Society for Human and Animal Mycology – ISHAM. JR Prous Science, Barcelona, p 248
13. White MI, Clayton YM (1982) The treatment of fungus and yeast infections of nails by the method of „chemical removal". Clin Exp Derm 7:273

Nachwort

H. C. Korting

Die Onychomykose stellt eine generell nicht seltene Infektionskrankheit des Menschen dar. Sie kommt in allen Teilen der Erde vor. Bei bestimmten Personengruppen ist mit einer besonderen Häufung zu rechnen, man denke nur an Bergarbeiter und Sportler. Von den Betroffenen wird die Erkrankung häufig als sehr unangenehm empfunden, speziell dann, wenn die Hände betroffen sind. Häufiger noch als die Hände sind die Füße betroffen. Unabhängig von der Lokalisation stellt eine Onychomykose stets einen Streuherd dar. Mit konsekutiven Infektionen anderer Teile des Hautorgans ist zu rechnen, so etwa nicht selten bei einer Tinea unguium der Füße mit einer Tinea inguinalis.

An der Notwendigkeit der Behandlung einer Onychomykose kann bei rationaler Betrachtung kein Zweifel sein. Um so mehr mag es erstaunlich erscheinen, daß diese von nicht wenigen als banal erachtete Erkrankung auch heute noch im Zeitalter der generell so erfolgreichen antimikrobiellen Chemotherapie als in einem Teil der Fälle unheilbar aufgefaßt werden muß. Vor allem wenn − wie in der Mehrzahl der Fälle − eine Beteiligung der Füße gegeben ist. Als wenigstens in einem Bruchteil der Fälle sicher wirksam konnte bisher nur die systemische, d.h. orale Chemotherapie angesehen werden. Sie vermag aber bislang keineswegs zu befriedigen, muß zudem über einen langen Zeitraum durchgeführt werden, ohne daß heute in jedem Einzelfall vorab vorausgesagt werden könnte, ob die Heilung tatsächlich auch eintritt. Schon allein unter diesem Aspekt erscheint es verständlich, wenn bereits seit langer Zeit nach einer geeigneten topischen Therapie gesucht wird. Bei kritischer Würdigung der bisher zu dieser Art der Therapie vorgelegten Studien kann freilich nicht übersehen werden, daß kein einziges Arzneimittel zur topischen Therapie bislang als im Sinne der modernen klinischen Therapieforschung definitiv etabliert angesehen werden kann.

Trotzdem erscheint es sinnvoll, nach neuen Alternativen zur topischen Therapie der Onychomykose zu suchen. Eine solche Alternative ist in der sequentiellen Therapie mit Azol/Harnstoff-Salbe sowie Azol-Creme zu sehen. Schon seit langem wird es von vielen Experten im Rahmen eines Therapieplanes für die Onychomykose als wesentlich erachtet, das krankhaft veränderte Nagelmaterial zu entfernen. Hierzu bietet sich neben, ja vielleicht sogar − in der Wertigkeit − vor der chirurgischen die chemische Entfernung an, die den ersten und wesentlich neuen Teil der Sequentialtherapie darstellt. Die Innovation ist dabei wohl weniger in dem Gedanken der Kombination von wirksamem Antimykotikum und Harnstoff selbst zu erblicken − ihm begegnet man schon seit längerer Zeit −, sondern in der Art der galenischen Umsetzung dieses Gedankens.

S. Nolting, H. C. Korting (Hrsg.)
Onychomykosen
© Springer-Verlag Berlin Heidelberg 1989

Fraglos lassen die hier vorgestellten klinischen Studien noch kein endgültiges Urteil über den Stellenwert der Sequentialtherapie mit einer Bifonazol/Harnstoff-Salbe sowie Bifonazol-Creme zu. Immerhin legen die hier vorgelegten Daten aber den Schluß nahe, daß heute im Rahmen dieser Sequentialtherapie in einem Teil der Fälle die Heilung einer Onychomykose auch durch rein örtliche Behandlung möglich ist. Seinen äußeren Niederschlag hat dies in der kürzlich erteilten Zulassung durch das Bundesgesundheitsamt gefunden. Der hiermit erzielte Fortschritt mag manchen als nicht allzu groß erscheinen. Je länger man sich aber als Kliniker mit der Problematik der Therapie der Onychomykosen beschäftigt, um so mehr wird man ihn zu würdigen wissen.

Viele Fragen bleiben im Zusammenhang mit der Behandlung der Onychomykosen noch offen. Exemplarisch sei nur die der relativen Wirksamkeit des hier aufgezeigten Konzepts zur topischen Therapie und der systemischen Therapie genannt. Zur Klärung derartiger Fragen tragen nicht zuletzt Symposien wie das Vorliegende bei. Den Mitwirkenden sei deshalb an dieser Stelle ebenso gedankt wie dem Sponsor.

Sachverzeichnis